当好莱坞当好莱坞灾难电影一次次地把末日终结的场景搬上大银幕的时候，坐在观众席上的人们开始着慌。毕竟，在目睹了如此多关于世界末日的想象之后，人们不禁要问，那一天真的会到来吗？到底有几人能够从末日审判中侥幸存活下来？

末日预言

MORIYUYAN

中国華僑出版社

图书在版编目（CIP）数据

末日预言/东篱子编著.—北京：中国华侨出版社，
2012.5

ISBN 978-7-5113-2282-1

Ⅰ.①末… Ⅱ.①东… Ⅲ.①未来学-通俗读物 Ⅳ.①G303-49

中国版本图书馆CIP数据核字（2012）第058784号

●末日预言

编　　著/东篱子
责任编辑/棠　静
经　　销/新华书店
开　　本/710×1000毫米　1/16　印张15　字数200千字
印　　数/5001-10000
印　　刷/北京一鑫印务有限责任公司
版　　次/2013年5月第2版　2018年3月第2次印刷
书　　号/ISBN 978-7-5113-2282-1
定　　价/29.80元

中国华侨出版社　北京市朝阳区静安里26号通成达大厦3层　邮编100028
法律顾问：陈鹰律师事务所
编辑部：（010）64443056　64443979
发行部：（010）64443051　传真：64439708
网　址：www.oveaschin.com
e-mail：oveaschin@sina.com

前言

电影中从来不缺少对人类未来的描绘。当好莱坞灾难电影一次次地把末日终结的场景搬上大银幕的时候，坐在观众席上的人们开始着慌。毕竟，在目睹了如此多有关于世界末日的想象之后，人们不禁要问，那一天真的会到来吗?

对于经济快速发展的社会，人类未来会如何，这听起来似乎是一个杞人忧天的问题。但越是物质发达的社会，越容易让人们产生对物质即将失去的担心。没有什么是永恒的，假若世界末日真的来临，自己手中紧握的一切都将会化为一片灰尘。在面对未知的未来时，人们所担心的首要问题是自己究竟应该何去何从。

有的人把全部命运交给了上天来做裁决。他们相信，世界末日只是神对人间的一次审判，以剔除糟粕，从而带领剩下的善的人类走向一个更好的世界。有的人则在忙着于末日之前花天酒地，然后在某个预言家选定的末日前匆匆结束自己的生命。这些行为，多少看起来都有些可笑。

世界末日的预言和各种传说起源于原始宗教。早期的人类追求天人合一的思想，认为人的死亡是与自然的融合，因为把死亡看做一种神圣的过程，从而产生了“末日”思想。但是此时末日学说指的是人的一生，顺其自然地衰老死去，而不是后期演化成为世界末日。

当有关末日的各种理解开始形成一种文化现象的时候，其在思想和理论上早已经被不同的宗教选择性吸收并转化为自身的思维模式。其实，这些都是合理的思想继承，所宣传的是人要不惧怕死亡，顺其自然地生老病死，并不是要人们集体去朝拜，然后寄希望于天神的拯救。

在宗教预言与神话中的世界末日，主要是指地球文明的终结。但是科学上所谓的世界末日，是指宇宙系统的崩溃或人类社会的灭亡。可见，世界末日并不只是一个宗教或神学范畴内的话题。万物有始自有终，地球也自会迎来终结的一天。只是这一天，被科学家们定义在了几十亿年之后，现今的人们根本就不必担心。

然而，事实真的是这样吗？看看自己周边的环境，清醒的人或许已经意识到了问题所在。大自然的自我终结或许十分漫长，但人类的种种活动却在其中起到了加速剂的作用。这就像是一台高速运行的列车一样，一旦被提到了最高速度，即便已经踩住了刹车，止不住的惯性作用也会把人类推向自己造成的恶果中。究其一切，根源还是在人类自己身上。

诸多宗教团体中部分信徒的错误认识导致末日学说于近年来甚嚣尘上。因而，人们更加有必要对这些末日危言作出自己理性的判断。毕竟，末日学说是希望人们对现在的生活存有畅想，不论前方多么困苦，即便是面对死亡也无所畏惧地去奋斗，为生活的美好而努力。

大自然所带给我们的，正是我们现在所拥有的一切美好。

目录

第一章 人类的世纪之劫

第二章 十大已被验证的神奇预言

第七章 史上最伟大的预言大师——诺查丹玛斯

第八章 上苍的遗珠

第九章 占卜有术

第一章
人类的世纪之劫

灾难 2012

2009 年，一部灾难电影《2012》在全球大银幕上映。人们在为片中叹为观止的特效场面惊叹的同时，更引起了一场关于世界末日的大猜想。

2012，真的是地球的末日吗？

预言这件事情本身就披着一层诡异的外衣。人类在发展过程中，总是喜欢对未知的未来进行探索。尽管各种预言层出不穷，甚至有很多预言像是五彩的肥皂泡一样华丽地在公众面前覆灭，但玛雅人做出的预言，却独具匠心。

玛雅人从来都是神秘的，在玛雅人的推论中，2012 的世界末日又应该是何等景象呢？

这一切的灾难，全都起源于一点——磁极倒转。

玛雅预言显示，2012 年冬至日之后，地球的南北极将会在瞬间逆转，一场空前的磁力危机开始威胁整个地球。

印度报业托拉斯为了证明玛雅预言的真伪，曾集结了一批天体物理学家和计算机学家做过一项电脑模型预测，预测结果切实证明了地球和太阳的正负磁极会在 2012 年发生颠倒，并引发一场地球磁场的极度混乱。届时，人类造就的绝大部分工具都将受到严重影响，以至于失灵而再没有办法使用。

至于这场转变会带来多大的灾难，研究公司发言人声称，上一次在地球上出现相同状况的时候，也正是恐龙消失的日子。

天体物理学家表示，这一现象所能够导致的最坏结果是让地球上的磁场磁力变为零，如果恰好再遇到以11年为周期的太阳两极磁场颠倒，在二者的相互作用下，地球上会出现何等灾难场面是无法想象的。

考古发现，磁场颠倒的现象在史前曾发生过多次。但在人类的历史记载中，却还没有如此先例。

电脑模型的预测显示，磁极倒转除了会引起电子故障外，其对自然界的影响也不可小觑。鸟类和鱼类在迁徙的过程中会迷路，甚至导致大量海洋生物以自杀性的方式游到海滩上。如果磁力变为零，包括人类在内的所有动物的免疫系统都会降低，地球的外壳会变得十分薄弱，火山爆发更成为家常便饭的场景，地震、泥石流等自然灾害将再也不是什么新闻。

并且，零磁力还会造成地球磁气圈减弱，来自以太阳为主的宇宙辐射会大量进入地球的势力范围，从而给地球上的生物带来致命性的辐射灾难。更有一些小行星向着地球的方向飞来，地球的重力也会慢慢发生变化，人类能够选择的逃避方式所剩无几。

如果此种状况真的发生，只有居住在地壳深部地带的有机体才能够免受这一系列灾害的影响，人类或是躲到地壳以下过起耗子一般的生活，或者就只能选择移民到其他星球去居住。当下看起来最恰当的选择只有火星，但这依旧还是个遥远的梦想。

尽管电脑模拟和玛雅预言都已经明确地传递出了末日信息，美国宇航局却发表声明说："磁极倒转的场景绝不可能发生。"

其实，历史上从来就不缺乏有关世界末日的预言。不论是在早些年的世纪之交，还是在2012即将到来而天灾人祸开始频发的当下，人们一方面在对未来抱持着幻想和恐慌的同时，似乎也正在期望着预言能够作为生活的调味剂，给平淡的日子加上一道鲜味。

面对无法触及的未来，人类所能探知的领域显得如此渺小。

最后一个“太阳纪”

在玛雅人的预言中，地球已经历经了5个太阳纪。

第一个太阳纪被称之为马特拉克堤利，或者叫做根达亚文明。生存在这一时期的人类具有超能力文明，身高平均在一米左右，男人们都拥有第三只眼睛。这只眼睛大多呈现翡翠色，但个人的功能却不相同，有的能够预测未知，有的具有致命杀伤力……

正是因为女人没有第三只眼，所以当时的社会中女人是害怕男人的。但上天并没有因此而忽略了女性，她们的子宫有着通神的能力，每一个女性在怀孕之前都会同天上要降临到凡间的神提前沟通好。就像是当代社会中的协商签合同一样，只有双方都谈妥了，女人才会生孩子。

根达亚文明最终毁于大陆沉没。鉴于少有资料提到根达亚文明，因而缺乏足够的理论依据来证明其曾经在地球上存在过。

第二个太阳纪被称之为伊厄科特尔，或者叫做美索不达米亚文明。自大陆沉没开始，绝大多数根达亚文明时期的人类被自然灾害夺去了生命，只留下少数人得以幸存。因而，美索不达米亚文明是根达亚文明逃亡者的延续。

此时的人类，开始逐渐忘却大陆沉没之前的事情，身上的超能力也慢慢消失。最明显的一点在于，男人的第三只眼睛已经越来越少见了。转而代替的是，男人们开始对饮食情有独钟，以至于有多位饮食专家出现。因而，这一时期的文明又被称之为“饮食文明”。

美索不达米亚文明时期的人类多聚集在南极大陆附近，最终大部分人命丧于地球磁极逆转。这一点，恰和当下预言的2012世界末日的起源有相似点。

之后，人类文明终于发展到了第三个太阳纪，这一时期被称之为奎雅维洛，人类创造的文明叫做穆里亚文明，也称之为生物能文明。很明显，这一次的人类文明是从美索不达米亚文明的末日中逃脱出来的人们创造的。

早在美索不达米亚文明时期，人类就开始注意到了植物在发芽时所能够产生的巨大能力。以此为研究基础，人类在穆里亚文明时期终于研究发明出了可以利用植物能的机器。通过机器的作用，植物能可以被放大数千万倍。后又经过近一个世纪的改良，该机器对植物能的运用已经到了十分娴熟的地步。然而，该文明最终依旧毁于大陆沉没，所留下的资料几乎已经绝迹。

第四个太阳纪被称之为宗德里里克，或者叫做亚特兰蒂斯文明，亦称之为光的文明。生活在这一时期的人类继承了上一个太阳纪人类文明的许多优点，但却并不是上个文明的延续。因为亚特兰蒂斯时期的人类，不再是世界末日后的幸存者，而是来自于猎户座的殖民者。这些从外星来的生物每个人都拥有着控制光的能力，并且早在穆里亚文明之前就已经建立起独属于自己的文明体系，甚至两个文明之间还进行过惨烈的核战争。

只是一直到穆里亚文明结束之后，亚特兰蒂斯文明才开始真正发迹。最后，这场怪异的外星文明最终覆灭于一场火雨引发的灾难。

前四个太阳纪纵然存留在各种各样的远古传说中，但终因没有太多的史料记载而无法得到验证。但从玛雅历法“卓尔金历”的推算中可以得出的结论是，我们的地球当下已经处在第五个太阳纪了，而这也正是历法上最后一个太阳纪。

卓尔金历显示，在银河季候中，太阳系正在历经一场历时 5100 多年的周期变革，这一时间从公元前 3113 年开始，一直持续到公元 2012

年。在整个周期中，太阳系中所有运动着的行星都要被一束来自于银河系核心的银河射线照射，这束射线的横截面直径达到了 5125 地球年。也就是说，地球从进入射线的范围到真正走出来，需要 5125 年之久。

地球走出这次射线的辐射范围的那一天，便是最后一个太阳纪毁灭的日子。自此之后，人类将会进入一个全新的时代，一个和当下文明毫无瓜葛的周期。

因而，在 2012 地球末日的谣言甚嚣尘上的时候，玛雅长老出来辟谣说，所谓末日只是人类文明的更迭。但他却没有提到，这次更迭究竟是平和地过渡，还是会像前 4 个太阳纪一样历经一场大浩劫。

玛雅预言之所以会引起如此多争论的原因还在于，其预测的准确性是各个预言所不及的。甚至早在科学认知之前，玛雅人就已经计算出了地球公转的时间为 365 天 6 小时 24 分 20 秒，这和科学验证的结论只存在几秒的误差。而玛雅人早在 3000 年以前就开始应用 0 这个单位数字了。

玛雅人预言的 2012 年的第五个太阳纪浩劫究竟会不会到来，在这一天越来越近的日子中，一切都显得愈加神秘，而且也带上了一定的色彩。

神秘玛雅人

关于玛雅人，其身上还有更多令人费解的东西。

玛雅人建造的住处，有着发达的道路系统，但他们制造的工具中却没有一样是使用轮子的。如此一来，他们也就没有必要用牛马等牲畜来当代力工具。不可思议的事情是，他们在给孩子制造的小玩具中，可以信手拈来地把轮子作为减少摩擦的方式。唯一解释得通的，便是玛雅人不愿意奴役牛马。

而在玛雅人的建筑物中，他们可以很随意地就把月亮背面的图形雕刻在门窗上。但地球人怎么能够看到月亮背面的地形呢？玛雅人有着自己不为人知的一套修炼体系，他们认为自己的智慧是宇宙意识赋予的，在必要的时候，如果上天想要收回，他们会毫不保留地全部奉献出来。

在玛雅预言的2012世界末日中，最关键的一个问题是玛雅人究竟有没有做出过类似的末日预言。

尽管一些学者在进行了深入研究之后，得出了玛雅人并没有留下2012年会发生什么事情的明确记录。但在玛雅族群中世代流传的一本手卷的最后一页，却有着关于世界末日的场景描述。这则手卷便是著名的《德雷斯顿抄本》，其预言世界末日将是由一场旷日的大洪水作为先兆。

但此类末日描述，实在太过于普通，以至于无法作为确凿的证据，这更不是玛雅人所独创的地球毁灭法。因而，单纯地把此当做末日预言，未免显得有些过于武断。

有学者认为，其实玛雅人并不擅长预言，他们的历法中对时间和历史的观点几乎都是针对过去已经发生的事情做出的判断，而不是不可知的未来。在玛雅长历法中，大多讲的是玛雅统治者和祖先之间的关系。毕竟，统治者只有把自己的族谱说得越加久远，就越能够赢得民众的支持，也才能加固其统治的合法性和正统性。

如此说来，举世皆以为傲的玛雅长历法并不是为了预言未来而存在，而是为了验证过去！

尽管玛雅的古老历法与现行的历法相差不过分毫，但预言之说似乎依旧无法成立。2012年的冬至日恰好是个分割点，这就像是冬去春来的周期一样，在此日之后，人类将要跨入一个新的文明阶段。如果顺利的话，经过重生之后的人类将会超越现有的智慧，从而走向没有纷争的和平、大同世界。

或许，以一颗期盼之心、以平静的心态来迎接这一天，对普通大众来说更具有现实性的指导意义。

玛雅人的古典史诗《波波尔·乌》一书中汇集了整个殖民地时期在玛雅人族群中流传的各种创世神话，书中提到，现在的人类其实是居住在第四个世界。神明在前三次的创世中均遭到了失败，一直到第四次才成功地创造出如此多样化的世界。但第四个世界终归会在灾祸中走向终结。

所幸的是，第四个世界结束之后，第五个、第六个……后续的世界将会被继续创造出来。

但第四个世界结束，也就意味着人类文明的终结。《波波尔·乌》一书中的论述，和玛雅历法中的5个太阳纪的概念不谋而合。即便学者和科学家严词否认2012将会是世界末日，他们着重强调了人类会因此而迎来新生。但却没有人敢断言，这一次重生，是浴火凤凰，还是优胜劣汰。

在玛雅帕伦克遗址中发现的一个日期证明了一点，其表示的记录最终点是在4772年的10月13日。也就是说，玛雅人自己也不认为人类的时代会在2012年结束。2012年的12月21日，仅仅是第13个以400年为周期的一个轮回，而不是永远的终结。

自此，所有的焦点全都集中在新旧更迭这件事情上。在玛雅古庙和碑文中曾有着一组重复出现的数字密码——1 366 560。如果以天来计算的话，换算成年恰好为3740年。从玛雅人诞生于公元前3113年算起，直到其于公元750年突然消失，恰好为3740年。这是不是也就意味着地球上的文明每隔3740年就会毁灭或者是消失一次？

以此类推，现代人类已经是这个轮回中的第五代子孙，而人类文明的灭亡之日也不再遥远。不论这个数字是不是2012，似乎命中注定地球要迎来一场文明浩劫，唯一不确定的只是时间问题。

更诡异的事情是，太阳磁极每隔3740年就会对调一次，由于巨大的磁场作用，地球的磁极也有很大可能会跟着对调。南北磁极的转换，会令地球彻底变成地狱。考古学中显示，生长于西伯利亚和阿拉斯加地区的猛犸象集体死亡的事件，正是由气候剧变引起的。远古时期，这两个地方均是热带气候，磁极的对调使得地球冷热气候发生反转，才会引起如此恐怖的灾难。

在年代记载最完整的《克奥第特兰年代记》中记载，第五个太阳纪始于公元前3113年，玛雅历法中的大周期为5125年，此后第五个太阳纪就会迎来终结。这个终结日，便是人们心中始终害怕提及的2012年12月21日。

玛雅人和我们有着完全不同的生活方式，他们的每一天都是在为未来而活。玛雅人深信《豹的预言书》的预言记载，当既定的未来降临时，玛雅人会非常淡定地接受自己的命运。最为惊世骇俗的事情是，1519年是自诩文明的入侵者发现玛雅人居住地的年份，这一年也恰是玛雅人的太阳终结之年。直到1696年，征服者派遣的神父抵达时，玛雅部落的领袖竟然说："根据预言，我们背离神的日子还未到，请4个月后再来吧！到时，我们将履行预言。"

4个月后，当侵略者再次出现时，玛雅人竟然毫不抵抗地让出了自己的领地，遵照着预言的指示离开了这片热土。

这种服从预言的态度与做法，着实令人感到惊讶！因而，无论2012年会发生什么，玛雅人都会选择安心接受命运的安排。可是，其他民族的万千大众会做出何种选择呢？

唯心主义奠基人

玛雅文明为何会神秘消失？

科学家研究发现，玛雅人所居住的地方土地不肥沃，水草不丰美，想要在这里种庄稼或者放牧，都是不可能的事情。唯一适合生长的，便是各种各样的水果。但在人类历史上，还没有任何一个民族可以只凭着吃水果而创造出璀璨世界的文明。

况且，玛雅文明高度发达，但他们却没有农业工具，又没有四通八达的交通道路，似乎他们和当今地球上人类的生存方式完全格格不入。有人猜测说，玛雅人吃的食物全部来自于外星球，或者是他们自己能够制造与当今饮食完全不一样的食物。但这些说法都没有得到科学的认证。

通过对玛雅文明的深入研究之后，学者把其历史分为公认的三个时期：从公元前 1500 年到公元 317 年为玛雅文明发展的前古典时期，从公元 317 年到公元 889 年为古典时期，从公元 889 年到 1697 年为后古典时期。因而，也有人把它叫做早期阶段、中期阶段和晚期阶段。

在前古典文明时期，玛雅人主要生活在危地马拉的太平洋沿岸以及高原地带。象形文字产生于公元 1 ~ 2 世纪，因而这一时期的玛雅人已经懂得用文字去记载自己的历史和文化。他们建造的城市中有许多大型的石碑，上面雕刻的多是统治者的形象，以及记述统治者功绩的文字。

这一时期的玛雅人，在建筑、雕刻和绘画三方面已经达到了很高的艺术成就。他们创造的博南帕克壁画是世界有名的艺术宝库，并且具有玛雅特色的金字塔也诞生于这一时期，以及用大型石料建造的城市卫城都显示出其高超的建筑艺术。

经过长达几百年的古典时期的过渡，时间发展到公元 9 世纪的时候，玛雅文明突然之间就衰落了。从此之后，玛雅文明的中心也从危地马拉转移到了墨西哥合众国的尤卡坦半岛。前古典文明时期自此走向了终结。

玛雅文明进入了后古典文明时期后，分别发展出奇琴·伊察、乌斯马尔和玛雅潘三大文明中心。

在公元 10 世纪的时候，奇琴·伊察文明遭到了实力强大的异族入侵。但这一次入侵更像是一场民族大融合，两个不同民族之间的文明结合之后使得已经衰落的玛雅文明出现了中兴，从而玛雅历史也正式进入第二个高速发展时期。

在这一时期，玛雅人为后人留下了更多的神庙和金字塔。并且，举世称奇的玛雅天文和历法也在这一时期中得到了长足的发展。

在玛雅的宗教体系中，他们供奉的是太阳神、雨神、五谷神、死神、战神、风神、玉米神等，其中的太阳神被玛雅人尊为上帝的化身。除此之外，玛雅人还相信祖先的灵魂是不灭的。因而，在这个民族中，宗教掌握着一切大权，玛雅的首都便是宗教中心。

在社会阶层中，玛雅人并不是全都平等的，他们也有祭司和规则，国王的王位也是世袭制。下层的普通劳动者和各行业的工匠是维持社会秩序的基本成员，更下层的人便是由战俘或罪犯组成的奴隶阶层，他们是可以在市场上被自由买卖的。这个有历史记载可查的奴隶社会有着极大的相同之处。

而用于记载玛雅历史的玛雅文字，有证可查的第一块记载着日期的石碑上标记的是公元 292 年。此时的玛雅文字还只是流传在一块小范围之内，一直到公元 5 世纪中叶的时候，文字才真正开始普及开来。当时玛雅文明中的商业交易路线已经固定下来，文字也正是随着物品的交换而逐渐传播开去。但迄今为止，在玛雅的800个象形文字中，只有1/4被语言学家解译了出来。想要凭此来了解玛雅文明，依旧如同大海捞针。

已经被破译出的这些文字主要是天和月份的名称，以及数字、方位、颜色和神祇的名字。尽管当今世界上还有200万人在说着玛雅语，但他们现在使用的文字写起来更像是埃及或者古汉语的象形文字。

通过玛雅文字来解读玛雅全部预言的努力，似乎并没有取得实质性的进展。

直到1963年，苏联的语言学家瑞·克洛鲁夫成功地以统计学的知识对玛雅碑文进行了分类，之后在几位学者和计算机学者的共同努力下，他们终于完全解读了一篇大约有10万字的文章。文中记录的多是宗教仪式、气象现象和农作物等。

由此推断出，玛雅人对宗教的信仰和依赖是人类历史上任何一个阶段都所不及的。而玛雅人也正是唯心主义的奠基人。

水瓶座时代

2012末日预言之所以会引起如此多人的恐慌，最根本的一点在于，2012是离我们最近的一个年份，也是每个人都能够遇见到的日子。

在星象学中，每个不同的时代都各自对应着黄金十二宫中的一个星象，平均每个时代要延续2000～2400年左右。在当下的时代，正是黄金十二宫中的双鱼座时代向水瓶座时代过渡的时期。

在十二星宿里，水瓶座象征的是智慧和知性。就像是人类社会从农业社会向工业社会转变一样，从双鱼座向水瓶座的过渡正是在知识和文明领域中发生的一系列变革。水瓶时代的到来，意味着人类社会将要迎来一个具有启迪和发展的全新时代。在现有的时代中，当人们遇到难题时，往往求证于在专业领域内具有极高知名度的专家和学者，抑或是问道于宗教。但在水瓶时代，每个人都具有了精神上的自我觉醒力和自我依赖性。也就是说，在那个时代中，人人都是中心，不再存在意见领袖等角色，人们的问题开始由个人本身自己去解决。

全新时代的到来，起源于1981年1月1日至2012年5月5日之间，这段时间更像是一个缓冲期，使得两个不同的时代能够平衡过渡。从这个理论上说，2012年仅仅只是一个新时代的开始，是一场2000多年一次轮回的起点。

在玛雅长历法中，2012年12月21日是人类此次文明的终结之日，意味人类即将进入下一个全新文明的发展时期。似乎这样一场终结，并没有意味着人类将会终结，更大的意义在于在精神和意识方面的觉醒。

但在《昴宿星人工作手册》一书中，具有通灵能力的“昴宿星人光之使者”的代言人对即将来临的地球巨变作了预言：“在2012年之前，或者到2012年为止，地球将经历一场精神的和物质的大扫除，这就是通常所说的‘地球巨变’。这些变化已经开始，你们的太阳系正在进一步移入光子带——一种由银河中心发出的更高频率的宇宙发散。你们现在已进出于这条光子带的边缘有数年之久，到2000年，将完全进入光子带，并在将来的2000年中一直处于其中。洪水、地震、大陆板块移动、火山喷发、海啸、台风，以及最终的两极变换，将会在2013年之前发生……”

看来，2012年虽不是世界末日，即便是被看做了新的文明的开始，也要经历一场痛苦的蜕变。

在1987年8月，有人依据玛雅预言和占星术推测，在某个未知的时间点，全世界范围内所有人们将会自发聚集到灵性地点以接引和平降临地球，人们的愿望只有一个，那便是祈愿所有的生命能够平和地来到新时代。

很多人认为，水瓶座的特征是：人类的灵性或宇宙意识达到了一个更高的高度；地球也将从现在的第四维度进入第五维度。

人类自我意识的提高，似乎又在重演玛雅人当年的历史。当自我文明已经上升到极为瞩目的地步后，一场莫名其妙的事件降临地球，然后旧的毁灭新的诞生。

但光之灵却提醒人类，在进入新时代的时候完全没有必要恐慌，因为“当你与这些正在到来的光能合一，你的生活将会变得更为美好、更为喜悦。你现在可以立即对人类作出的贡献之一，就是放下任何对未来的恐惧，而专注于人类未来正面的愿景。因为即使在种种挑战之中，也会拥有充满许多快乐的好时光，在其中你能获得更多有关爱、自信与勇气的新体验”。

这句话正好切入了一个关键点——不管未来怎么样，该来的我们终归是要迎接的，挺直腰杆坦然面对，才是最后的道理。

“第五太阳纪之说”

“地球并非人类所有，人类却是属于地球所有。” ——玛雅预言

以玛雅人高度文明的程度来推论，西方侵略者本是不可能轻易就征服他们的。但玛雅人似乎更愿意去接受预言设定的命运轨迹。在玛雅历法中，宇宙的变化规律早就已经和他们的族群融为了一体。玛雅人的未来既不是生更不是死，而是在无休止地等待着上苍设定好的那一天的

到来。

因而，（几乎）在玛雅（人）的所有预言中，都曾经提到“新的神将会到来”，地球必定会开始一场新纪元。

尽管玛雅文明早已经不复存在，但玛雅预言却因为玛雅类似于万年历的历法而一直流传下来。虽考究不出该历法的最初创作者究竟是谁，但因为其中各种诡异的预言以及年代记载的完整性，而让玛雅人所保留不多的文字记录成为最神秘的书籍。其中，《克奥第特兰年代记》一书中所提供的玛雅预言内容表示，人类当下生活的第五个太阳纪必定走向终结。之前四个太阳纪都是因为惊心动魄的灾难而消逝，第五个太阳纪能够幸免的可能性并不大。

在玛雅预言的最后一章，几乎全部都是年代记录，似乎一旦该年份被记录在“黑名单”上，就再也逃不脱厄运的纠缠。但所有的记录，在第五个太阳纪终结的日子，全部都画上了句号。这难道是意味着，第五个太阳纪之后，地球就会踏上灭亡之路，再也没有回头的机会？

历史总是喜欢和我们开玩笑。现如今能够让当代人一窥究竟的玛雅文明，只有那些永不会开口说话的各种大型遗迹。最为珍贵的文字记载，却被西班牙入侵者给毁掉了，只留下四本玛雅古书，使得后人即便有心也难以破解玛雅文化的核心内容，以及他们到底从什么地方来最后又去向了哪里。

在残存下来的四本古书中，记载的并不是玛雅人的历史，而是从地球最开始被创造出来一直到人类出现的发展史。当代人更喜欢把这个过程称之为玛雅人的神话传说，其中记录了许多神奇的事迹，甚至玛雅人还把地球当成灵魂的净化场所，唯一的目的是使得他们的灵魂能够不断地向着更深层次净化、升华。

但这些具有神秘色彩的记录似乎并不为现代人所认同和理解，以这样的方式去追溯自己生命的起源，远不如把其当成神鬼奇谈来看更具有消遣性。

预言中指出，地球并非人类所独有，人类直接借助于地球这个净化场所来升华自己的灵魂。只有历经了这一系列的磨难，才能让自己最终成为宇宙中真正的高级生命。

更可怕的一点在于，玛雅人竟然预言出，随着历史的往前演进，人们会逐渐忘却自己和地球之间的这一层关系。这就不难解释为什么当代人不愿意去相信预言中所提到的事情了。

但同时，预言还提到，现代人类在日渐变异的科学技术的带领下，必将以滥用地球资源为发展的代价，错把自己当成了地球的拥有者，认为自己是这一切的主宰。身份的错位正是一系列灾难的起源。当物欲充塞于整个社会中的时候，第五个太阳纪也就走到了终点。

玛雅人的编年史始于公元前 3114 年，即第五个太阳纪的开始，并且当时其就预言了这一次的周期为 5225 年，即于 2012 年走向终结。并且，玛雅人还提出，在 1992 年到 2012 年的 20 年，为地球的更新期。在这一时期，将会出现弘扬宇宙大法的先知，以及能够和宇宙意识产生共鸣的新人类。更新期一旦结束，即在 2012 年之后，地球将会彻底进入同化银河系，人类也将迈进一个新的文明。

与此，玛雅人又提出了一个全新的观点，在世界末日等浩劫的余波尚未平息的时候，地球上是否有着超人智慧存在，成为一个无法验证的命题。在玛雅人的论调中，一切都是冥冥中自有定论，但人类从来都不甘心自己的命运被他人掌控。尤其是面对浩渺的银河系时，因为科技的局限性，人类尚未完全认同一定有外星生物存在。那么，玛雅人所说的地球即将进入同化银河系的状况，又将会给地球带来什么改变呢?

玛雅人生活的年代过于久远，当代人更不相信自己的命运会存在于古代人“荒谬”的预言中，但玛雅人令人难以置信地预见到了今天人类社会所要发生的事情，却也让秉持着科学理论的现代社会哑口无言。

玛雅人认为，银河系中的一切生命，都是由银河核心所主宰、控制的。一切的物质，一切的生命，都必须依照银河系的一定法则在运动、生存，并和整个银河系的其他物质与生命产生“和谐共振”。这一观点，更是超越了当下的科学认知。以有限的科学去验证比自己更高的认知时，永远都无法得出正确结论。这正是当代人面对玛雅预言时，永远都无法打开的死结。

而关键问题在于，2012 已经近在咫尺，根本就没有时间留给人类去思考清楚何去何从的选择了。

进入“地球更新期”

玛雅人预言地球自 1992 年进入了更新期之后，所有败坏的生命和天地万物都将进行一次自我更新，地球上的一切必须经过重新净化才能够进入下一个文明期。在这个最为重要的时期中，对人类来说至关重要的一点在于人类本身早已经堕落的道德观念必须回归本位，万物更新的根本就在于人心的向背。

因而，玛雅人把这一更新期称之为“地球净化期”。在这长达 20 年的时间里面，所有变异的、扭曲的、肮脏的、邪恶的因素都将被剔除掉，所有生存在地球上的任何一个微小细胞都必须经历这一过程，没有任何生物能够幸免。这就像是一场严格的入学考试一样，只有达到了宇宙天体生存规律所要求的条件，才能有资格进入新的时代。

玛雅人的预言中还提到大周期结束之后，那些有幸能够进入同化银河系的生物必将会见证一场历史时刻。生命必将更新，这是不可抗拒的运数。

以当今人类的科学发展程度来推断，绝不可能想象出同化银河系的概念。以“时间周期”的学说为蓝本，在2012年之后，构成人类现存物质世界的所有一切都将要呈现出一种微观的姿态。宇宙中的所有微观物质粒子将会演变得更加细腻，经过净化过的地球，必定比现在更加纯洁。

这无异于是一场优胜劣汰的考核，不及格的生物必定会被淘汰。而活在地球更新期的人们，是否都能够抓住这一千古契机进而进化成更高级的文明呢？答案必定是否定的，不可能所有的人都能够在这次亘古玄机中获得通往智慧之门的钥匙，历史的车轮究竟会如何对待那些被淘汰下来的人类呢？

再回到影片《2012》中来，电影里提到当历经了2012年冬至日后，当这一天的黑暗降临，将再也不会迎来第二天的黎明。影片中更是煞有介事地援引了美国国家航空航天局（NASA）的科学论证。也正是基于此原因，大批的观众也开始正式步入怀疑2012是世界末日的族群中。甚至不少人开始责怪NASA隐瞒有第十颗行星将会撞击地球的真相，一夜之间，人们纷纷把矛头指向了NASA，再没有人去想这些预言究竟有多大的可信度。

迫不得已，NASA终于在官方网站上公布了一份声明指出，2012年12月21日不是世界末日，影片中的一切都为虚构，根本不可能有类似的事件发生。甚至还有科学家站出来说：“2012年不会发生任何毁灭性的灾难。到目前为止我们的星球已经安稳度过了40亿年，而且全世界有威信的科学家都知道2012年地球没有任何威胁。”甚嚣尘上的末日论在受到大批信众支持的同时，也开始受到主流科学界的集体围攻。甚至连玛雅人的后裔也不得不站出来辟谣，但这一些努力都像是以卵击石，丝毫平复不了民众的恐慌情绪。

毕竟，通过影片的艺术放大，末日的场面更让人们感到岌岌可危。

即便是相信了玛雅长老所说的只是新的纪年方式的开始，可这始终无法论证玛雅预言的真实性。远古的文献已经遗失，仅存的记载也证明过玛雅预言的准确性。在2012年12月21日还没有到来之前，这个世界上永远都没有真相。

地球更新期即将结束，等待人们的将是一场异常严酷的考验。

科学PK预言

源自于中美洲的玛雅古文明，虽然在公元前2000多年早已被各种天灾人祸所湮灭，但却辗转留存了让人震惊的玛雅历法以及精准预言。自认为在精神和意识方面已经有了大幅度觉醒的人类，当然不甘心如此接受命运的抉择。于是，在科学和预言之间，必定会展开一场口水战。

世界末日PK重新计时

根据人们对玛雅预言的解读，2012年12月21日即为世界末日降临的日子。但科学家似乎并不这么想。

美国一名专门研究玛雅文化的专家指出，甚至玛雅人都从来没有把这一天当成世界末日来看。他说："在玛雅历法中，1872000天算是一个轮回，即5125.37年。"玛雅人的高明之处在于，玛雅文明对历法的推算比世界上任何一种文明都要精细许多。在玛雅人中推行的长历法，甚至把最初的时间推算到了玛雅文化刚刚起源的年代，即公元前3114年8月11日。按照1872000天的轮回来计算，2012年冬至日恰好是该轮回的结束，一个新的轮回也将自此开始。

也就是说，这代表着长历法将会归零，开始一场新的计时。这名专家声称："这仅仅是一个重新计时的思想，与我们每年元旦或周一早上重新开始一年或一周生活完全一样。”

此理论，也得到了玛雅人遗存下来的后代中的玛雅长老的支持。他在完全否定末日论的前提下还提到，末日论向来都是西方世界的产物，玛雅人从来没有提及过如此想法。

两极倒转 PK 缓慢进程

有关 2012 末日预言的最开始便提到，所有的灾难起源于地球两极的逆转，正因为这一突变，才使得地球的外壳和表面会突然奋力，从而让灼热的岩浆再没有任何阻隔而全部喷涌出来。届时，人类赖以生存的大陆会被骤变的气候深埋进大海中，地震、海啸等灾难将会一起出现。

磁极倒转其实并不可怕。在过去 7800 万年中已经出现过 171 次地磁倒转。

“地球磁极互换”是关于地球如何毁灭的最流行的说法。据说，一旦如此，地球就会南北极颠倒，改变自转方向，引发地壳剧烈运动。磁极互转到底有多厉害？会不会预示着世界末日的来临？

科学家对此理论同样给予了驳斥。美国普林斯顿大学地质学家表示，从对岩石中残留的某些磁性迹象的研究发现，地球可能在远古时期真的发生过如此剧烈的磁场变化。但这一变化需要耗时数百万年来完成，不但人类根本感觉不到这一过程，甚至连地球本身因此而发生的各种各样的变化都显得微不足道，甚至是有些习惯成自然的感觉。

其实从地球的历史来看，的确是曾经发生过剧烈的磁场变化。但在地球历史上离人类最近的 7800 万年时间中，地球磁场共出现了 171 次倒转，最近一次磁场倒转大约发生在 78 万年前。这个过程是极端缓慢的，其所产生的磁力甚至只相当于一块普通磁铁的 1%。试想，人类对磁铁的磁力完全没有反应，那么弱小到 1% 强度的时候，人类会因此而发生重大变化吗？世界末日由此导致而来，看起来更像是无稽之谈。

因而说，地球磁极出现变化的确是可能的，但并不足以出现毁灭性的灾难。

天体重叠 PK 正常规律

让所有的星象学家感到兴奋或者着慌的是，2012 年将会出现 26000 年才有可能呈现一次的天体重叠。预言指出，此时太阳在天空中的运行轨迹将会穿过银河系的最中央。因而，许多人也开始担心这种非正常的运行方式是否会把地球拉扯进强大的引力范围内，从而完全失去了自我运行的能力，进而加速地球毁灭。而两极逆转现象的产生，也有可能是因此而起。银河系中心还有可能会产生一个巨大的黑洞，把地球毫无征兆地吸进去。

专家却解释说，在 2012 年根本就不会出现天体重叠的现象，即便是有，也只会出现一些正常的天体现象。如每年冬至日的时候，在地球上看太阳，都会产生太阳是处在银河系中心的错觉。星象学家的兴奋之情毫无来由，因为这样的现象根本就不可能因为地球引力、太阳辐射、运行轨道等各方面产生变化，若是把其夸大到对地球造成毁灭性影响的地步，简直就是无稽之谈。

并且，在玛雅的古书和艺术品中，从来都没有提到过有天体重叠的现象存在。玛雅历法中涉及的天文成就，也仅仅限于其对耕作的影响。同时，长历法还准确地计算出了日食和其他天文现象的产生，且这些都与农业季节有着密切联系，从来没有证据说明长历法计算出的天文现象会造成世界末日。

科学和预言之间的 PK 战，最终谁胜胜负，恐怕也只有经过事实验证之后才能有个最终的结论。

可怕的巧合

在人类历史上，还从没有发生过磁极颠倒的现象。在地球史上可以侦测到的范围内，也只有恐龙时代的灭绝与此有关。但美国宇航局发表声明说，磁力为零只是最坏的可能而已，并不一定会发生。

如果说在预言和科学之间依旧难以抉择的话，那么下面这些被称之为巧合的事情恐怕更让人触目惊心。

在2012末日到来的前一年，即2011年，预言中提到此年份将会发生4次日食，分别为1月4日、6月1日、7月1日和11月25日，其中只有7月1日的日食发生在高纬度地区，其他几次日食都发生于极地地区。而在2012年还会发生两次日食，5月20日发生在高纬度地区，11月13日发生在中纬地区。

在科学界存在着一个有关日食—厄尔尼诺系数的理论。1997年，这一系数为12，这一年在全世界的范围内曾经发生过20世纪最强的厄尔尼诺现象。按照日食—厄尔尼诺系数的推算方法，2011年的指数为10.5，而2012年的指数为13。

而科学界给出的结论和此预言有着异乎寻常的巧合，科学家预测，在2011年很有可能发生严重的厄尔尼诺现象。如果在2012年厄尔尼诺和磁极危机同时上演的话，即便地球不是末日，这场天灾也足够让所有的人类去承受了。

玛雅长历法提出了2012的论调，甚至还坚定地认为这是人类文明结束的日子。自此，人类将要进入一个和本次文明完全无关的全新文明时代。人们关注的焦点不是2012之后生活会怎么样，而是如何才能平安度过2012年的绝世天劫。

2012年究竟会发生什么事情？有人说，单凭玛雅长历法的推测未免有些过于武断，但在世界其他文明中作出的一些推测和预言，恰恰和长历法中得出的结论有着殊途同归的结局。

1. 在水晶骷髅提示的未来现象中，2012年12月21日太阳下山之后，世界将会发生翻天覆地的变化，只有非洲和中国西部地区部分人能够存活下来。而在电影《2012》中，建造诺亚方舟的地方正是中国西藏，这难道仅仅只是巧合，或者是好莱坞电影对中国的谄媚？

2. 科学预测2012年地球的磁极将会产生颠倒现象，前几次分别导致了冰川时代和大洪水等事件，尽管这样的颠倒现象可能会非常缓慢，但却无法阻止其发生以及产生破坏的速度。

3. 一名俄罗斯人曾预测2009年世界大战爆发，核危机是最致命的因素。此时看来，世界大战并没有爆发，但核危机的问题并没有得到有效解决。

4. 曾有一个学龄前班的孩子突然讲古玛雅语，大概意思是说要净化地球，时间正是2012年。

5. 2012年，太阳磁极也会颠倒，这一理论甚至还得到了科学界的认同。

6. 星象学指出，2012年将出现大十字，土木相冲，日月相冲，这代表流血和死亡。上次十字发生此种情形，是在伊拉克战争爆发的前夕。

7. 星象学指出，2012年5月5日，人类社会将从双鱼时代正式过渡为水瓶时代。双鱼时代的特征是工业和科学技术发展，水瓶时代的特征是精神领域的提升，这和玛雅人的说法不谋而合。

8. 另有说法指出，在某个时间，成千上万的新时代人在世界各地的灵性地点聚会，引导和平降临地球、祈愿所有生命合一、冥想新时代来临。这一过程始自1987年12月31日，到2012年必将达到一个顶峰状态。

9. 有通灵人士预测，洪水、地震、大陆板块移动、火山喷发以及最终的两极变换，将会在2013年之前发生。

10.《圣经密码》指出，彗星将在2012撞击地球。

在这些巧合之间，玛雅人的预测不再显得孤单和神秘。似乎2012年正是注定的地球灾难之年，人类能否从中幸存下来，凭借的不仅仅是自己的智慧和勇气，更有无法论述的命数在冥冥中起着不可捉摸的作用。

人类的世纪之劫究竟会以什么样的姿态降临，我们此刻能够做到的事情，只有等待……

2012，难成终结

尽管科学家一直在尽力解释2012不会成为世界末日，但这始终阻挡不了人们对未知的恐惧。为此，科学界不得不针对好莱坞灾难大片《2012》中出现的种种末日场景进行一一阐释，以消除人们对末日的恐惧。

1. 如果有未知行星，必定在十年前就已经被发现了

20世纪70年代，考古学家发掘6000年前的苏美尔文明遗迹时，发现了一张雕刻在石板上的星图，除了人类已知的11个天体外，还有一颗连现代人都没发现过的星球——Nibiru行星，最著名的说法是2003年、2012年和2085年撞地球。在各种末日传说的版本中，小行星撞地球的情节也是屡见不鲜。

关于2012末日的预言，地球会被未知行星撞击的说法一直以来得到很多人的支持。人们预测，有一颗未知的×行星正在向着地球的方向飞来，如果和地球正面撞击的话，地球必定会从此销声匿迹。上一次出现这样灾难的时候，地球上最庞大的动物恐龙遭到了毁灭。即便地球和×行星不会相撞，即便只是轻轻地擦身而过，由此引发的地球引力的变化也足以引起其他大量的小行星不请自来，地球的存亡依旧是个未知数。

天文学家对是否有这样一颗行星存在给予了否定的回答。其实，关于行星撞地球的预言早在2003年就出现过。当时，一位妇女声称自己收到了来自于宇宙中某个不知名行星上的信息，要地球人做好准备工作。天文学家指出，以现代的科学推导，能够对地球产生威胁的行星如果真的存在的话，那么早在10多年前就应该被发现了，甚至连人类的肉眼都能够清楚看到。否则，一切都只是谣言。

而科学家们认为，一直流传于民间的Nibiru行星或许只是个恶作剧，因为用当下的观测手段来推断，它根本就不存在。但是从概率上说，小行星撞击地球并不是不可能的事，只是很明显，这一可能性在2012年几乎为零。

2. 太阳风暴其实只是正常规律

在所有的灾难预言中，太阳总是扮演着最大的敌人的角色。2012年，太阳会产生令所有地球生物都致命的耀斑，人类会有被烤焦的可能性。

科学的解释是，太阳耀斑是有规律地发生的，平均周期为11年。比较剧烈的太阳耀斑活动确实会影响到地球上的通信情况，但从来没有理论可以证明太阳耀斑能够把地球上的生物当成烤肉吃。如果太阳耀斑能够烤焦整个地球的话，那就说明其已经完全不按照自身的正常规律去运行了。况且，太阳耀斑爆发持续的时间一般都很短，根本就不可能对人类造成威胁。

科学家预计，下个太阳耀斑周期的最顶峰也并不是2012年，而是在之后的一两年。

专家说，对于太阳活动高峰期，科学家认为太阳耀斑还不具有毁灭地球的能力。经过一些数据模拟和对地球大气环境的研究，2012年的太阳活动只会对地球通信系统造成打击，对于地球本身来说，危害不会很大。

至此，之前所有关于玛雅预言的说法似乎都成了谣传。当预言被现代科学一一揭破的时候，是该相信预言还是该相信科学，这个大难题被生生地抛在了普通大众面前。

毕竟，抉择是个人的事情，没有人能够左右其他人的思想。

第二章
十大已被验证的神奇预言

神圣的尤里乌斯

在西方，3 月 15 日从来都不是吉祥的日子。

公元前 44 年的 3 月 15 日，罗马帝国的奠基人恺撒大帝在元老院议事的时候被人用短剑刺死。从表面上看，恺撒大帝其实只是政治斗争的牺牲品而已，这样的突发事件极具偶然性，甚至根本就无法避免。

但在恺撒临死之前，他本人曾经多次收到许多关于他即将要被刺杀的先兆，甚至很多不祥之兆十分明显，连恺撒身边的侍从和朋友都因此而心有余悸，提醒恺撒要注意元老院的阴谋行动。部将在加强了戒备的同时，恺撒更是处处谨慎小心。但令人遗憾的是，这样的预言最后还是成真了。一代杰出的政治家和军事家从此陨落。

古人认为，每当将要发生大灾难的时候，天空中总会出现各种异象，以作为对人类的警示。恺撒遇刺的前夜，就遭到了天象的提醒。据说，当时人们曾经看到有一个硕大无比的流星坠落在西北的方向。流星坠落，意味着有大人物将要离去，而西北的方向正是恺撒府第所在地，这一异象很可能和恺撒有着密切关联。于是，当夜就有了各种各样的预言，其大多都表示今日恺撒将会遭到不测。

在此前几个月，恺撒曾经派遣一队罗马士兵前去卡普亚开拓殖民地。当他们在当地建造一个大广场的时候，需要拆除一个年代久远的墓葬。但在墓穴中却意外发现了大量的财宝，士兵们见钱眼开，于是越干越起劲。最后，他们在享受了这笔意外之财的同时，又在卡普亚的创建者卡普斯的墓葬中发现了一块青铜书板。书板上用希腊文刻着一段耸人听闻的诅咒，其意思是说：一旦卡普斯的遗骸遭到暴露，尤里乌斯家的一个子孙将死于自己朋友之手，而且不久之后整个罗马都将会受到史无前例的报复。

恺撒，正是尤里乌斯家族的后人，甚至在他死后，还被封为“神圣的尤里乌斯”。

另有记载说，在恺撒死前几天，有士兵报告说，自己在渡过卢比孔河的时候，献祭给河神的马群不但不吃草，甚至还集体落泪。这一奇异的现象究竟预示着什么，当时没有人能够解释得清楚。

就在恺撒遇刺前一天，他和亲信雷必达一同出外打猎，两人边走边谈，竟然把话题扯到应该如何选择自己的死亡方式的问题上。恺撒问雷必达什么样的死法最好，大家众说纷纭，最后恺撒总结说，他自己宁愿突然而死，也不想遭受痛苦的折磨。虽然大家当时并不理解恺撒的想法，但第二天这一念想就变成了现实。

据说，这天夜里，恺撒还曾经做过一个梦，他梦见自己和罗马最高的主神朱庇特在天空携手飞翔。恺撒的妻子甚至一度还出现了幻觉，她看见自己的房顶塌了下来，而丈夫被刺最终死在自己怀里。

如果这一切都还不能引起恺撒警示的话，他的一位预言师朋友甚至连他出事的日子都算了出来。这位朋友名叫斯普林那，是罗马最有名的占卜师。当天，恺撒和斯普林那一同祭祀万天神之后，他突然把恺撒拉到一边告诉他他正处于大难的边缘，而这场灾难在 3 月 15 日之前是不会消散的。并且，斯普林那着重提醒恺撒要在 3 月 15 日这一天加倍谨慎。然而，恺撒再一次把这样的预言付之一笑，他认为斯普林那完全是在杞人忧天。

甚至在 3 月 15 日当天，恺撒在去往元老院的议会厅的路上，还和斯普林那开玩笑说：“3 月 15 日可是已经到了！”斯普林那却告诫恺撒大帝：“没错，3 月 15 日的确来了，可是还没有过去。”

就在恺撒快要达到议会厅的时候，他收到了一张揭发元老们要密谋刺杀他的告密书。但或许是命中注定，恺撒并没有及时看到书信中的内容，因而最后他还是在会议厅中倒在了血泊里。

即便是在恺撒死后，谣言依旧没有终结。

早些年，恺撒打败了庞培而稳坐国王的宝座，当时在罗马城中流传着"恺撒笑，庞培哭"的说法。意思是说，恺撒和庞培是势不两立的对手，两个人永远都没有和好的可能。而恺撒被刺身亡倒下的地点，恰恰矗立着一尊庞培的雕像。

几千年来，人们对于恺撒的死一直保持着浓厚的兴趣。所有的预兆都证明了将会有大事情发生在罗马大帝的身上，但恺撒终归没有逃脱命运的追捕。斯普林那的预言以及那些看似巧合的异象，无一不在说明罗马帝国的"神圣的尤里乌斯"终将倒下。

尽管不少学者对预言说秉持着一贯的否决态度，甚至认为这只是后世一些无聊之人打发时间的话题之作。但唯一无法改变的真相是，恺撒死了。而作为罗马大帝，这样一次意图明显的谋杀他应该早就会收到告密信息，可最终为什么恺撒没有扭转自己的命运呢？

真相到底如何，恐怕已经不得而知了。

被预言的罗马皇帝

在罗马史上，还有一位知名度丝毫不亚于恺撒的皇帝——尼禄。不过尼禄留下的却是千古骂名，他残忍和暴虐的执政方式可谓"前无古人，后无来者"。

古罗马的历史学家曾留下记载显示，尼禄在自己独有的竞技场中，让基督徒身上披着兽皮，在场中和饥饿的野兽搏斗。结果这些人总是被野兽活活吃掉。在迫害基督徒的方式上，尼禄几乎无所不用其极。他把人绑在十字架上，在身上浇上油，点燃之后作为照亮夜色的火炬。

甚至最令人所不齿的事情是，尼禄不但和自己的母亲发生了乱伦的行为，甚至在完成性事后又残忍地杀死了她。

如此一个暴君，在恺撒之后，终于也成为了各种预言中的主角。曾有一个占星学家对尼禄的命运做出了预测，他说，尼禄将会当上罗马帝国最年轻的皇帝，但是也会是一个暴君，他甚至会杀死自己的亲生母亲。

而这句话，被后来的事实均一一验证。

尼禄生于古罗马时代一个显赫的家族——多密提乌斯家族中，这个家族中曾有很多成员多次担任过罗马的执行官、监察官等要职，但在光鲜的背后，家族中的许多成员也有着斑斑劣迹，甚至还出现不少淫棍和恶霸。也正因此，尼禄的家族曾为当时最被人们诟病的对象。

尼禄于公元37年降生。按照罗马传统，孩子在降生后要找到一些具有通灵能力的占卜家来对其未来做出预测。占卜术中认为，人在出生之时，身边的自然现象是最能说明未来的先兆。尼禄出生时，太阳刚刚从东方升起，而阳光也恰恰照在了尼禄的身上。

尼禄的父亲并不认为这是个好兆头。因为对自己的家族有着异常深刻的认识，在亲朋好友的宴会上，父亲竟然公开说，这个男孩将来很有可能成长为一代混世魔王，从而给人间带来极大的灾难。父亲如此说，其意思已经很明朗了，他是指尼禄即便是自己和妻子的孩子，即便自己和妻子保持着端正的行为，但却保证不了这个孩子日后会变成人类憎恶和痛恨的对象。

母亲出于对新生儿的溺爱，依旧请来占卜术士对孩子的未来进行预测。当时，罗马境内最有名的占卜家都被请来了，而这些占卜家竟然异口同声地说出一个恐怖的预言：这个男孩有朝一日将会当上罗马至高无上的统治者，但是，当他登上帝位后，将会残暴不仁，甚至会杀死自己的母亲。

这则预言震惊了所有人。有人提议斩草除根，及时处理掉这个孩子才是上策。可是爱子心切的母亲哪里舍得单凭预言就结束了新生儿的性命。选择权最终交到了母亲的手上，她沉思片刻，终于下了一个听起来十分自私的决定，她说："只要他能做皇帝，其他的都由他去吧。"

于是，占卜家当初所做的预言，最后全部变成了现实。

尼禄继承王位的时候，只有 17 岁，也正是罗马帝国史上最年轻的皇帝。其实，在他出生后不久，父亲就因病去世了。没有了丈夫的管制，尼禄的母亲便凭借着自己的美貌和政治手腕迅速迷住了罗马皇帝克苏狄。然而，几年之后，克苏狄就一命呜呼。也有人说，是尼禄的母亲设计毒死了皇帝。但不管怎么说，尼禄此时成了唯一的王位继承人。

关于尼禄的所有预言都正在一步步实现。尼禄的残暴令人发指，一位罗马历史学家在书中记载道："尼禄继承了他的母亲，然后吃掉了她；他强奸了他的妹妹；烧掉了罗马的 12 个街区；处死了赛内卡；在拉特兰呕吐出青蛙；把圣彼得钉死在十字架上；砍了圣保罗的头；统治了 13 年零 7 个月；最后被狼吃掉了。"

在尼禄的统治时期，整个罗马都处于一片白色恐怖之中。只要是尼禄提到的名字，就没有一个人是不会被处死的。上至达官显赫，下至平民百姓，人们的性命在他看来都像是玩具一样可以随手就拿走。有的人被斩首，有的人被迫自杀，有的人被切开了血管，尼禄甚至还残忍地把自己老师的双手给砍了下来。而为了建造自己的新宫殿，他竟然一把火把整个罗马城给点燃了。

随着自己的权力欲望越来越大，为了摆脱母亲的操控，尼禄终于把矛头指向了自己的生母。而母亲从来没有想过，自己的儿子竟然会公开和自己对抗，于是她便用尽各种手段对儿子施加政治压力，甚至威胁他要以他人来代替其王位。这个行为显然成为两者之间生死之题的导火索。尼禄抢先一步毒死了只有 14 岁的弟弟，绝了自己的后患，这一做法使得母子二人之间的裂痕再也无法修复。后来，母亲还对尼禄的婚姻问题强加干涉，这终于使得母子反目成仇，尼禄也走上了占卜师当初做出的预测之路。

纵然很多学者更愿意把尼禄弑母的原因归咎于政治斗争，但这却摆脱不了预言的阴影。再不可信的占卜术，也最终成功命中了尼禄一生的命运，恐怕尼禄的母亲在临死之前，才会想起当时众人的建议，而开始后悔没有把尼禄扼杀在襁褓之中。

英年早逝的亚历山大

公元前 4 世纪，在西方文明史上，曾出现一位旷世的征服者，他便是亚历山大大帝。这位皇帝年纪轻轻就率领着部队南征北战，横扫欧洲大陆的众邻邦。甚至只用了短短数年，就把地中海沿岸的古文明发源地全部纳入了自己怀中。亚历山大大帝建立起了一个空前庞大的帝国，其横亘在亚、欧、非三块大陆的交界地带上，像是一颗熠熠发亮的星辰一般，笑纳着世人的敬仰。

然而，随着亚历山大大帝的轰然猝死，这一帝国也失去了往日的辉煌。

然而，这一切已经早有人提前做出了诡异的预言。

亚历山大的成长经历充满了奇幻色彩。他出生以前，他的父亲腓力二世曾梦见自己给王后的子宫盖上了一个狮头印章。而在王后分娩之前，她也曾做了一个奇怪的梦。王后梦见自己被雷霆附身，而她目光所见之处均是战火纷飞，仿佛一场不知名的战斗毁掉了一切。不几天之后，亚历山大降生了。因为之前的怪梦，王后偷偷地找占卜师对这个孩子的未来做出了预测。

在马其顿有一位叫做亚里斯坦德的预言家深得国王腓力二世的欣赏，他曾经多次对这个国家的命运做出过准确预言。在亚历山大当政后，亚里斯坦德还曾经跟随着这位皇帝出征作战，以充当战斗顾问的角色。但真正触动人心的事情是，他在亚历山大刚刚降世的时候，就准确地预言出了他的一生。

亚历山大降生时，马其顿大军刚刚打了一个漂亮的大胜仗。亚里斯坦德趁机告诉腓力二世夫妇，他们生下的孩子，其实是雷神，也就是说，这个孩子将来一定是征战疆场的勇士，是一个战无不胜的统帅，他将给这个王国带来至高无上的荣耀。

而亚历山大诞生的那个夜晚，亚细亚附近的一座希腊城邦中的太阳神神庙无故起了一场大火。很显然，在神话色彩颇为浓厚的地中海之地，亚历山大的诞生充满了神谕的一年。更有人说，亚历山大将来一定会遮蔽住太阳的光辉。这一天晚上天还没有亮，预言家们就纷纷做出了自己的预测，他们说："希腊的灾难和毁灭在前一夜出生了！"亚历山大的降生，不禁让自己的城邦感受到了无限的力量，更使得他们的敌人闻风丧胆。

于是，对亚历山大的预测，正随着他的成长历程而一步步变成现实。

在他还是个少年的时候，腓力二世曾经请来著名的学者亚里士多德来当亚历山大的老师。在亚里士多德的培养下，亚历山大受到了良好的教育。外形俊美且体格强健的亚历山大，在拥有了非凡的才智后，也让自己形成了倔犟且自负的个性。

亚里士多德曾说，亚历山大自小就显出了不同于常人的机敏，甚或是霸气。在他十几岁时，曾带军一举击败了希腊联军。之后，他的父亲腓力二世遇刺身亡，亚历山大继承了父亲尚未完成的统一大业。此时，他只有 20 多岁。

公元前 334 年，亚历山大在周密准备后，向着当时地球上最庞大、最富有的帝国波斯发动了进攻。亚历山大凭借着独有的军事才能和卓绝的勇气，在战争中不畏波斯帝国幅员辽阔、人口众多，他带领着士兵拿下了一场又一场战争的胜利。

在击垮了波斯帝国后，他随后又南下埃及，并且被埃及人尊称为太阳神。之后，他开始了肆无忌惮地扩张自我版图的新征程。而他战神的名号，也被自己的一次次胜利证明不是浪得虚名。

为了便于统治，亚历山大从马其顿迁都，将巴比伦作为新帝国的首都。至此，他终于走上了自己人生的最辉煌的巅峰。

至此，在亚历山大身上的预言，也都一一应验了。然而，不仅如此，连他的死也都被占卜师们一一命中。

当时，在希腊，亚历山大要处死一位智者。只见智者从容地走上了断头台，临死之前他还做了一番激动人心的演说，他说道：“啊，最美好的解脱啊！像荷库鲁斯那样，随着肉体的燃烧，灵魂挣脱了束缚并得以进入光明。只有经历过死亡的人才是一个真正的哲学家。”亚历山大凑上前来，为了表达自己的仁慈，他问智者还有什么遗言。智者微微一笑说：“没有。但我将会很快看到你。”

此时的亚历山大年仅 32 岁，正是人生的黄金时期。所有人都认为这是智者在临死前对王者的污蔑，没有人会想到这句话竟然是对死亡的预言。

此事之后不久，亚历山大神秘地死去了。

后世的学者很少有人愿意承认这些预言存在的真实性。那个死亡的预言，因为没有证据可查，也就成了不了了之的悬案。而之前关于亚历山大将会成为战神的预言，学者们更偏向于这是占卜家对当下政治形势分析准确的表现。当时，希腊刚刚结束内战，根本无力去抵抗外敌入侵；波斯帝国已经是个死而不僵的百足之虫，只要稍稍用力，便可以征服；埃及文明更是早已经处于衰落期了，所以才会如此不堪一击。

学者们认为，这些都是可以通过研究去论证的。即便亚历山大完不成统一的任务，也会有后来人，这只不过是个时间的问题。

可唯一的问题是，为什么亚历山大恰好在这个时间点出现，且完成父辈们没有达成的功绩？难道这仅仅只是各方面的巧合？诚然，身处这样的时代，只要是开明的君主，一定会有所作为。但在亚历山大刚刚出生的时候，谁又敢断言他日后一定是个开明的君主呢？

而亚历山大的突然死亡，则被学者们归咎于政治阴谋，却丝毫和预言之事无关。但学者对亚历山大成就的一番论证恰恰说明，预言的神奇之处往往在于预言者对于政治阴谋的洞察。以彼之矛攻彼之盾，结果会如何？

这恐怕是个永远都没有答案的命题！

武则天的皇帝命

在中国的历史上，武则天是唯一一个女皇帝。她是历朝历代野史、文人小说中描写和议论的对象，这些书中，除了种种风流艳史之外，还有一个历经千年而经久不衰的话题——预言。

相传，武则天自立为皇帝，改国号为周，是一件早已命中注定的事情。

早在唐太宗初期，社会上就流传着一句童谣：“唐中弱，有女武代王。”意思很简单，就是在唐朝中期，就会出现一个武姓的女人代立为王。这成为最初的预言版本。

贞观年间，天空中的星象也出现了异常。太白星经常在大白天出现，而不是黄昏时分。负责研究天文天象的官员就自己卜了一卦，却没想到，卦象显示的是“女主昌”。这样一来，如此诡谲的现象和之前的童谣不谋而合。唐太宗为此心里一直不得安宁。

当时正是贞观之治的好年份，朝廷中的能人异士也不在少数，自然也不乏精通天文历法、阴阳术数的人存在。而这些人中，最著名的两位通灵之人非李淳风和袁天罡两人莫属。其中，李淳风的名气最为响亮，众人私下都称他为“算破天”。唐太宗召见了李淳风，想要听听他是怎么解读当下异象的。

李世民刚刚把自己的疑惑讲出来，李淳风丝毫不顾及圣上的颜面，很直接地告诉唐太宗“唐中弱，有女武代王”是上天注定的命数，是没有办法改变的。并且，李淳风还说了一句颇为令人费解的话，他说：“其兆既成，已在宫中。又四十年而王，王而夷唐子孙且尽。”也就是说，这个女人已经在宫里了，只要再过四十年她就称王了。一旦得了天下，李姓子孙将要被追杀殆尽。

李世民一听自然大吃一惊，他忙想出一计说，如果真的是这样的命运，那就趁现在把天底下的武姓全部杀光。李淳风阻止了皇帝的愚蠢行为，他说：“天之所命，不可去也。”并且，李淳风还指出，这个女人是皇帝心爱的人，只不过四十年后她也就上了年纪，虽然她能坐了大唐的江山，但却绝不了大唐的命。如果皇帝因为这一私利而杀了全天下的武姓，这就是逆天而行，不但不能让皇帝做个明君，还会激怒上天，从而派下更年轻的人来翻掉大唐的江山。到那个时候，才真正是李家子孙被杀绝的日子。

唐太宗一听，觉得言之有理，也就放下了自己的杀心，但这并不等于他从此听从了天命。李世民依旧对武姓之人多加防备，而且小范围内的清洗活动也从来没有停止过。曾有一次，太宗宴请众武将，席间趁着酒兴，太宗要每个人都说出自己的小名。当时的名将李君羡说自己的小名叫“五娘子”，太宗一时耳背竟错会成了“武娘子”，他当时就想起了那首童谣。尽管席间太宗故作镇定地说：“我倒要看看究竟是什么样的女子能够如此勇猛！”但宴席后，他还是把李君羡给杀了。原因诧异到不可思议的地步，李君羡的封邑是武连郡公，官职是左武卫将军，又把守着玄武门，再加上还叫“五娘子”，太宗脑海中的“女主武王”非李君羡莫属。于是，这李家一门老少竟没有一个逃出来的。

天命终归是不可违的。太宗死后，女皇武则天终于出现在民众的视野里。

其实，武则天 14 岁就入宫给李世民当了才人，每天在宫中做着能够母仪天下的美梦。但李世民并不喜欢她，太宗死后，为了表示忠孝，她只得削发入寺为尼。

武则天生性刚烈，又有些男人使不出来的手段，甚至连太宗都不得不佩服她超人的志气和胆略。但也正因此，太宗也故意疏远了这位才人。武则天见李世民已老，随后趁机和太子李治相好。李世民死后，她虽出家为尼，但却一直在等机会被新皇帝从这个火坑里救出来。为了平复后宫争斗，当朝皇后竟然主动把武则天从寺中接回宫中来做自己的帮衬。可是没想到，最后却被武则天连皇后的位置都给抢去了。

而武则天为了将原皇后置于死地，她竟然亲手杀死了自己的女儿，从而嫁祸于皇后。其心狠手辣可见一斑。而事情至此，当初的预言一定说准了一半。这位毒辣的武姓女子终于开始一展真容。

此后，武则天从临朝听政开始，与高宗并称为“二圣”。及至高宗逝世，显宗即位，武则天便成为了皇天后。后来，她凭借着过硬的政治手段废了显宗而另立唐睿宗李旦为帝，实则这根本就是一个傀儡皇帝。

但武则天终归是不满足做个幕后英雄。最后，她还是废掉了唐睿宗而自立为王，自称圣神皇帝，改大唐的国号为周，定都洛阳城。“女武代王”的预言终于变成了现实。

武则天自立为王于公元690年，和预言中的四十年相差无几。

纵然有着皇帝命，武则天自己也十分清楚，在男权社会中，上天给自己当政的机会本就是逆向而行。因而在死后，她给自己立了一座无字碑，所有的功过是非留给后人去评说。

朱棣兵变早预谋

中国历史上，唯独明王朝有两个直隶省，有两个都城——北京和南京。这还要归咎于明成祖朱棣的迁都一事。

众所周知，朱元璋死后，把皇位传给了孙子朱允炆，而不是给他的儿子朱棣。因而，朱棣就发动了一场靖难之役，这次空前的兵变使得叔叔抢走了侄子的皇位，并把都城从南京迁往了北京城。

而最让人感到不可思议的事情是，朱棣发动的兵变，其实在朱元璋还在世的时候，就已经被人预测到了。此人，便是在政治界、军事界以及预言界都有着举足轻重作用的刘伯温。

刘伯温所写就的《烧饼歌》中曾提到：“我朝大明一统世界，南方终灭北方终，嫡裔太子是嫡裔，文星高拱日防西。”最后一句，是在提醒朱元璋要多加防范。朱元璋不明就里，忙问刘伯温：“朕今都城城坚守密，何防之有?”很显然，朱元璋并不懂得这句预言的内涵。刘伯温回答说：“臣见都城虽巩固，防守严密，似觉无虞，只恐燕子飞来。”“只恐燕子飞来”，说的可不是南飞北回的燕子，而是暗指燕王朱棣。

随后，刘伯温又即兴写就了一首打油诗：“此城御驾尽亲征，一院山河永乐平，秃顶人来文墨苑，英雄一半尽还乡。”到了这里，刘伯温连在朱棣发动靖难之役中的谋臣是谁都预测了出来。

整个预言的意思是说：大明朝虽然当下已经一统天下，但还是需要日夜提防警惕着才有可能保住江山太平。日后，大明朝在南方的气势将会逐渐趋于衰落，而北方将会成为代替南方的新都城。至此，已经把都城从南京迁往北京的事情说了出来。随后，刘伯温继续为朱元璋泄露天机。“嫡裔太子是嫡裔，文星高拱日防西”是说，太子虽然是嫡出，但他其实当上皇帝的机会并不大，而是要由文星来继承王位的。文星，指的便是朱允炆，也就是建文帝。但文星当政，也会遇到很多麻烦。最关键要防范的是子孙相残，同时还要防御着国内获得封侯的王爷们割据一方当起土皇帝。

“一院山河永乐平”一句中，还提到了朱棣登基后的年号。朱棣在靖难之役一举兵变成功后，他登上了皇位而改年号为永乐。“秃顶人来文墨苑”指的则是靖难之役的最大谋臣姚广孝，他曾是个和尚，此与秃顶之说也不谋而合。

《烧饼歌》中对朱棣兵变做出的大胆预测，最后一一应验而让刘伯温所做的这一本诗歌集传为预言界的奇葩。关于靖难之役，我国另两本在预言界也有着举足轻重地位的书——《推背图》和《梅花诗》，也都做出了各自的预测。

在《推背图》的第28象中曾经写出了一个预言，其提到“草头火脚，宫阙灰飞，家中有鸟，郊外有尼”，并且还说“羽满高飞日，争妍有李花，真龙游四海，方外是吾家”。清代文人金圣叹在读到此处的时候，联想到大明建国初期的靖难之役，不无感慨地说：“此象主燕王起兵，李景隆迎燕兵入都，宫中大火，建文祝发出亡。”这分明就是发出的朱棣篡位夺权的信号灯。

由南宋传下来的《梅花诗》中的第四首，也是在专门预测明王朝的历史。这首诗写道："毕竟英雄起布衣，朱门不是旧黄畿。飞来燕子寻常事，开到李花春已非。"诗中所写的英雄，便是朱元璋，他从一个叫花子起家，是实实在在的布衣了。第二句则指出出身贫寒的朱姓人家可以做出一番雄图霸业。到第三句笔锋一转，直接写起了燕王朱棣起兵废掉建文帝的事情。历史的变革再一次在千百年前被预言诗言中。

据史料记载，靖难之役的起始是因为建文帝即位后，国内藩王的势力逐渐膨胀，建文帝为了斩草除根以保自己的江山社稷不得不采取一系列的削藩措施，但这恰恰威胁到了燕王朱棣的利益，于是，坐镇北平的朱棣就起兵造了反。

1402 年，朱棣攻破南京城。这天，宫中大火，建文帝下落不明。之后朱棣于同年即位，第二天改国号为永乐，改北平为北京。一直到 1421 年，北京城的建设工程全部落下帷幕，朱棣便迁都北京城，南京只是作为留都存在。

尽管《烧饼歌》属于预言诗，但其和明朝的历史发展轨迹如此吻合，不得不说也是一个奇迹。至于秉持着唯物主义观点的人怎么看这件事情，丝毫都影响不了《烧饼歌》在预言界的地位和价值。

而这，也是迄今为历史所验证的最大的神奇预言之一。

《诸世纪》与法国大革命

1789 年，法国大革命爆发。这场革命像是酝酿了多年的烈焰一般，一经燃烧，就势不可当地吞噬掉了统治法国数百年的波旁王朝，千年的君主专制制度被彻底颠覆。而法国大革命的重大意义还在于，他不仅仅是法国的一个事件，更影响到了整个欧洲乃至全世界，并且成功地促进启蒙思想在世界范围内的传播。

但这样一场厚积薄发的大革命，在其爆发之前的200多年，也已经被预言到了。

法国大革命的起点是人民群众以莫大的勇气攻占了巴士底狱。但这座戒备森严的监狱，如何能够就这么轻而易举地被攻占呢？据说，起义群众的领导者在行动之前，曾经阅读了地球上现存最伟大的预言书《诸世纪》，他们正是从这本预言书中看到了胜利的先兆，因而才敢于揭竿起义，一举拿下了大革命的最终胜利。

问题接踵而至，《诸世纪》这本书中到底讲述了什么事情而使得起义者信心倍增？或者在本书中藏着什么惊天秘密，而使得起义者从中寻找到了胜利的法门。

顺藤摸瓜，翻开《诸世纪》就会发现，原来这本书的作者诺查丹玛斯早在百年前就成功预言了大革命的发生，1789年的胜利只不过是验证了预言的准确性而已。

在《诸世纪》之中关于法国大革命一系列的诗句之中，最为著名的是这样的一首诗：

辇台被旋风吹翻，
容颜被假面隐藏，
此时新共和国将使自己的人民苦恼，
红白颠倒国无宁安。

法国资本主义得到迅猛发展时，不少资本家凭借着快速累积起来的资本而成为当时最富有的阶级。但因为当时的法国依旧处于陈旧落后的封建政体中，新兴起来的阶级就在旧政体中得不到自己的利益需求。尤其是在路易十六当政后，彼此之间的矛盾显得更加尖锐。

因而，一场变革，抑或是革命，迫在眉睫。

1789年7月14日的晚上，起义民众冲进巴士底狱，在成功占领了这座封建意味浓厚的堡垒后，法国大革命的浪潮开始席卷全国。最终，路易十六被起义军打败而成为阶下囚。在人民的支持下，1793 年初，以罗伯斯庇尔为首的雅各宾派登上了政治舞台，在他们统治期间，法国国王路易十六被送上了断头台。

这便是法国大革命的全部，回头再看《诸世纪》中提到的诗句：第一、二句是在描写封建国王被推翻下台的场景。当时，贵族出门乘坐的都是豪华的马车，因而“辇台被旋风吹翻”便是指大革命的风暴吹翻了封建贵族的车辇。“容颜被假面隐藏”，则象征着被推翻下台的贵族像过街老鼠一般，连自己的真面目都不敢露出来，为了保住性命，只得用披风和面具遮住脸颊。

从第三句开始，却让人愁苦起来。新的共和国甚至连自己的人民都不满意，似乎是在预示着大革命的过程并不是很顺利，新的政体必定会遇到挫折。最后一句的“红白颠倒”是指，红色革命最终推翻了白色的波旁王朝。也有人说，这句话暗含的意思是大革命中的红党雅各宾派和白党吉伦特派在处死路易十六这个问题上存在争执。

不但如此，《诸世纪》还对大革命中的众多小细节也全都做出了准确预言。如路易十六的最终命运，作者诺查丹玛斯详细描写了他由囚禁到逃亡国外，再到被抓回来处死的全过程。书中写道：

入夜将穿越雷恩的树林
一对夫妇走在蜿蜒的山路，像白石般
僧皇穿着灰衣在瓦伦
被选出来的，引起动乱、火、血和切割

路易十六和王后在潜逃的时候，分别穿着灰色和白色的衣服，而他们最终被抓住的地点是在瓦伦。当时，因为路易十六的软弱无能，民众们都戏称他为“僧皇”。最后四个词语“动乱、火、血、切割”分明是在写路易十六被送上断头台的情景。

而在《诸世纪》中，更是把路易十六处死的细节描写得淋漓尽致：

伴随着过分的不和，

喇叭也开始震动，

协调被打破“仰脸向着青空”，

沾满鲜血的口在血海中泳动，

涂满牛乳和蜂蜜的脸，横倒在大地之上

第一句的“不和”，意味着雅各宾派和吉伦特派之间的分歧。第二句则表述出了两者之间激烈的争斗。更神奇的事情是在第三句，当路易十六被押往刑场的时候，他因感慨自己的所作所为而随口朗诵了一节诗句，开始的第一句便是“仰脸向着青空”。于是在最后的几句诗句中，作者便开始大肆叙述路易十六被砍头后的惨状。

这便是诺查丹玛斯在神奇之书《诸世纪》中对法国大革命做出的精确预言。令人惊讶的是，其不但预言到了大革命的爆发以及之后新政体存在分歧等大趋势，更连革命过程中的微小细节都描述得如同亲眼见证过一般。

有人认为，《诸世纪》中的记载难免有一些是在法国大革命后被后来者添加进去的。但再多的旁枝末叶也掩饰不了本书预言的精确性和诡异性。真相到底如何，或许将会成为永久之谜。

拿破仑称霸不是梦

晚年的拿破仑，被囚禁在圣赫勒拿岛上。当时，有一个在中国碰足了钉子的英国人途经此地，便上岛顺便拜访了拿破仑。当他把自己在中国的经历完完整整地给拿破仑叙述了一遍后，拿破仑却告诫此人不要小瞧中国，因为中国正是一头尚未苏醒的睡狮。他说：“当中国觉醒的时候，世界也会为之震惊!”

这，可以看成是拿破仑对中国的预言。

但真正被验证的神奇预言是他本身的命运。尽管拿破仑也曾言中不少后世发生的事情，但正是法国历史上最著名的女预言家勒诺曼准确预言了拿破仑的婚姻和命运，才让他和十大神奇预言紧密联系在一起。

这一天，勒诺曼在自己的占卜屋里迎来了一位妇人和他的女仆。简单的占卜之后，勒诺曼竟然说出了一个让妇女根本就无法相信的预言，她说这个妇女的女仆在未来会拥有公主的头衔。这令这名妇女十分不高兴，她转身就要离去，不料此时，勒诺曼竟然又作出了一个更加诧异的预言。她对妇女说，你将会成为法国的皇后，法国的命运就掌控在你的手中。

这名妇女名叫约瑟芬，她的女仆名叫特蕾莎。以今天的历史观点来看，约瑟芬是拿破仑一生中的贵人，她出身于贵族家庭，和法国政界的许多要人都关系密切。并且，约瑟芬经常出入巴黎上层人士组织的沙龙，她在当时可谓社交界相当有名气的一个人物。

当勒诺曼说出自己的预言时，约瑟芬认为这种说法太荒诞不经了，但她依旧对勒诺曼说的话抱持着浓厚的兴趣。勒诺曼继续对约瑟芬说，她的命运是上天注定的，在不久之后她将会遇到一个令她爱得忘乎所以的男人，这个男人会让她得到自己一生都享受不完的荣华富贵，但最大的不幸是，她最终还是会被这个男人抛弃。

尽管感觉难以置信，勒诺曼不容置疑的口气还是让约瑟芬选择了屈服。甚至勒诺曼还向约瑟芬请求，当她当上了皇后之后一定要竭尽全力来保护自己。鉴于勒诺曼的真诚，虽并没有全信，但约瑟芬还是答应了下来。这一场预言，让她感觉自己像是做梦一样。

之后不久，她就遇到了拿破仑，两人很快坠入了热恋中。

之前，在一个看似平常的一天，有些失落的拿破仑去找勒诺曼占卜。他刚一进门，就听到勒诺曼大声说：“我的皇上，您来了，您终于来了。”这让拿破仑大吃一惊，他回顾周边，确定只有自己一个人以及明确了勒诺曼是在和自己说话之后，他才真正反应过来。但还没有让他来得及发问，勒诺曼就又急急忙忙地说：“我的皇上，你的霉运就要到头了，你马上就会遇到你的天命之人，这个女人将是你的福星，不久之后你就会与她成亲，你将成为皇帝，你将会像亚历山大大帝和恺撒大帝一样，成为一个伟大的征服者，全欧洲都会俯伏在你的脚下，你还会过着富贵的生活。但由于你 40 岁之后，抛弃天意安排给你的爱人，这将会是你悲惨的命运的开始。此后，你将一败涂地并落寞地死去，而且你所有的亲戚朋友都会声明从不认识你。”

但当时的拿破仑，只是一个炮兵上校，他哪里会相信这个占卜师的连篇鬼话。

拿破仑离开了勒诺曼的占卜屋之后，在一次武装叛乱中，他仅用了几门大炮就轰开了敌人的城堡，从而挽救了法国当时岌岌可危的政治形势。也正因为这一战绩，他被提拔为巴黎市的卫戍司令。

此后不久，他和约瑟芬相遇并相爱了。借着约瑟芬的社交关系，拿破仑很快就得到了当时上流社会的认可和支持。之后，就像是勒诺曼预言的一样，两个人最终走进了婚姻的殿堂。

新婚不久，拿破仑便开往战争前线。在这里，他指挥了一支缺乏训练且武器落后的杂牌军战胜了当时攻无不克的奥地利军团。这件事情引起的轰动是拿破仑始料未及的，当他返回本国时，督政府对拿破仑的存在感到十分紧张。同时，欧洲地区形成了反法联盟，已经覆灭的波旁王朝有着死灰复燃之势，国内的保皇派也蠢蠢欲动，面对复杂的国际形势，督政府却无能为力。

此时，约瑟芬利用自己的关系网把丈夫拿破仑推到了最前沿。获得了极大支持的拿破仑于1799年10月偷偷回到巴黎，在详尽的准备后，他发对了一场雾月政变，推翻督政府的统治，从而建立起法国第一政府。之后，拿破仑不但平息了国内的叛乱，还成功击退了反法联军，形势瞬间变得大好起来。

1804年，拿破仑称帝，而约瑟芬也理所当然地成为法国的皇后。至此，两人才想起了当初勒诺曼的预言，不得不暗暗叫绝。

拿破仑当然希望自己的王朝能够一代一代地传下去，但约瑟芬无法生育，他们不得不把当初的女仆特蕾莎认定为女儿。但面对强权，两人的爱情因为这一小瑕疵而产生了巨大的裂痕。最终，拿破仑还是抛弃了自己的爱妻，这一年，他正好40岁。

之后，拿破仑虽然和奥地利的公主成婚了，并且也有了自己的儿子。但他的帝国，却已经呈现出末日的姿态。从入侵西班牙失败开始，到与沙俄关系的恶化，再到第六次反法同盟的崛起，拿破仑已经无力招架这一波接着一波的攻击了。

1814年3月31日，巴黎被占领，拿破仑在巴黎枫丹白露宫签署退位诏书，而他本人则被流放到地中海的厄尔巴岛上。野心不死的拿破仑企图东山再起，在他悄悄溜回去重新组织起军队后，滑铁卢的一场战役彻底终结了他的统治。失败后，他被流放到大西洋的圣赫勒拿岛。

1821年，年仅53岁的拿破仑在圣赫勒拿岛孤独地死去。

而当初勒诺曼对拿破仑的所有预言，都一一地演变成现实。面对命运的安排，历史也只能臣服下来，把是与非的答案留给后人去猜测。

沙俄注定要灭亡

在世界史上，沙俄绝对是不容忽视的一个存在。但曾经不可一世的沙皇，却被一个不可思议的预言命中，于第一次世界大战中被彻底击垮，从而走上了灭亡的路途。

这件事情，要从沙俄的太子生病说起。

当时，尼古拉二世的皇后是来自于德国的公主亚历山德拉，但这位高贵的公主的家族中却有一种遗传病——血友病。患有此病的人，因为是先天性缺乏凝血因子，所以只要在皮肤上有些微创伤，都会血流不止。甚至还会出现失血过多而导致死亡的风险，人人听到这种疾病都会谈虎色变。

很不幸的事情是，亚历山德拉在嫁给了尼古拉二世之后，把这种家族疾病遗传给了他们的儿子，沙皇的唯一继承人阿列克谢。1907 年的一天，阿列克谢突然发病，宫廷里的医生们个个都束手无策。眼看着太子就要一命呜呼，尼古拉二世急得像热锅上的蚂蚁。恰在此时，有一位自称是来自西伯利亚的先知拉斯普廷神秘地出现，并且还神秘地治好了皇太子的病。

沙皇夫妇大为感动，从此对拉斯普廷所说的话百般信从，他们简直把这位先知奉为了神明。拉斯普廷也是个有心机的人，他凭借着自己在宫中的地位，迅速拉帮结派，把许多实权都揽到了自己手里。后来，他还插手政治事务，俨然一副国师的架势，朝中大臣和贵族们因为尼古拉二世的面子而不得不惧让他三分。

1916 年，尼古拉二世正带着军队在德国打仗，他突然间收到了一封来自于拉斯普廷的书信。在信中，拉斯普廷做出了一些看起来荒唐至极且大逆不道的预言。他说，自己得到了上帝的启示，在这年年底就会有人来暗杀掉自己，因此他才写来这一封信请求沙皇原谅自己再不能为他们服务了。正在尼古拉二世摸不着头脑的时候，拉斯普廷在信中继续说，如果自己是被一个农民所杀害，那么沙皇就可以再继续执政若干年；而如果自己是被贵族杀害了，恐怕沙皇的帝国也马上就要土崩瓦解了，沙皇一家人的幸福生活最多撑不过两年。

最后，他像是真的得到了神谕一般说，希望自己死后能够被埋在尼古拉二世的皇宫附近，如此一来，他的灵魂也会继续守护着沙皇一家人。同时，他还对杀死自己的凶手进行了诅咒，拉斯普廷说凶手在杀了自己之后，也会在短时间里很快死去。

但沙皇并没有把这封信放在心上，对他来说，当下的战局才是真正值得关心的事情。况且，他刚刚打了一个大胜仗，拉斯普廷预言的沙俄将要覆灭的结果，多半是不会出现的。于是，这封信就被尼古拉二世束之高阁，他只是轻轻地叹了一口气，似乎只是为这样的预言而哀叹。

然而，后来发生的一切都如拉斯普廷所料，不差丝毫。

这年 12 月，拉斯普廷被贵族苏波洛夫等人杀死，没隔多久，厄运就降临到了尼古拉二世的头上。

第二年的 3 月份，著名的二月革命爆发了，军队和人民联合起来反对沙皇的统治，并且整个首都都掌控在了起义军组建的临时政府手中。得知此消息后，尼古拉二世急忙从前线回朝，调集军队镇压起义军，但这次镇压非但没有成功，连他自己也成了起义军的俘虏。在起义军的逼迫下，他只得宣布退位。

此后，1917 年爆发了十月革命，世界上第一个苏维埃政权建立起来了，社会主义国家从此诞生。

1918 年 7 月 16 日，白军以保皇的名义攻进软禁沙皇的城市，并且试图要营救沙皇全家以图复辟。面对危急情势，苏维埃政权经过商议后决定要处死沙皇全家。于是，尼古拉二世一家人便被秘密处决掉了。

临死之前，尼古拉二世才想起当初拉斯普廷写给自己的那封预言信，不禁后悔万千。

历史学家认为，终止沙俄覆灭的大半原因要归咎到拉斯普廷深得尼古拉二世的宠信而作威作福，最终引起了贵族们的不满。拉斯普廷的出现就像是沙俄灭亡的加速剂一样，虽是起到了推动作用，但尼古拉二世的暴政才是根本原因。

在全国各阶层怨声载道，国内矛盾已经达到最顶点的前提下，拉斯普廷的出现大大加剧了各种矛盾，俄国已经处在崩溃的边缘，沙皇政府的倒台已经是迟早的事情了。

因而，学者们以惯常的姿态认为，拉斯普廷的预言是不可信的，尽管预言中所讲到的历史发展趋势和最后的史实并没有多大的出入，但他们似乎更愿意理解成拉斯普廷自己良心发现，从而感知到一定会有人杀害自己。而在当时，能够杀死他的人，只可能是手中握有实权的贵族，而不是一介草民。

拉斯普廷写给尼古拉二世的信，更像是一个大谎言，从而能让自己寻求到沙皇的庇佑。甚至在当时，很可能已经有人起了要杀拉斯普廷的心。但这个“编造”出来的预言，最后何以和历史的轨迹并没有多大出入呢?

小说家预言珍珠港情节

第二次世界大战的一个转折点，便是美国珍珠港事件。

1941 年 12 月 7 日，日本派出了一支敢死队来偷袭美国海军基地珍珠港，也正是因为这一次的重创，也才让美国彻底被卷入了世界战争中，从而使得“二战”的规模达到了前所未有的规模。

珍珠港不仅是美国在夏威夷群岛上的一个重要港口，更是其在太平洋海域上所有的安全停泊港口中最大且设施最好的一处。这里是美国的海军基地，也是禁地，任何人的擅自闯入，都必然冒着极大的危险。但日本人却不这么认为。

1941 年 11 月 26 日，日本海军发动了一个空前的“军事演习”。一支由 6 艘航空母舰为主力，包括 2 艘战列舰、3 艘巡洋舰、9 艘驱逐舰和 3 艘潜艇的日本舰队，在统一指挥下开往珍珠港。日本海军特意选择了一条看起来相当隐秘的路线行军，以免被美国的雷达侦测到。同时，日本还为了能够实现自己的目标，在行军途中连通信设备都关掉了。他们唯一想要做的事情是偷袭珍珠港。

12 月 7 日，航母上的飞机终于接到了起飞的指令，甚至连水下潜艇都秘密地来到珍珠港附近等待后备指令。日本方面的计划是，这场偷袭必须要速战速决，以闪电式的立体攻击为主要方式，在最短的时间里毁掉珍珠港。

后来的事实证明，日本的敢死队把这一个任务干得非常漂亮。他们在不到两小时的时间里一共投下 144 吨炸药，总共击沉了美军各式舰艇 40 多艘，其中包括击沉战列舰 4 艘、重巡洋舰 2 艘、轻巡洋舰 2 艘、驱逐舰 2 艘和油船 1 艘；重创战列舰 3 艘、巡洋舰 2 艘和驱逐舰 2 艘；击伤重巡洋舰 1 艘、轻巡洋舰 4 艘、驱逐舰 1 艘和辅助船 5 艘。唯一幸运的是，原本停靠在珍珠港里的三艘航空母舰不在，否则，美国海军将会被日本打得一蹶不振。

同时，日军还击毁了美国方面 265 架飞机，并造成数千人伤亡。等到战斗的硝烟结束后，原本歌舞升平的珍珠港上到处都是断臂残肢。这一次突袭，使得原本作战实力相当强大的美国太平洋海军部队几乎完全丧失了战斗力。相比之下，日军只有 29 架飞机被击毁，70 架被击伤，55 名飞行员死亡，5 艘袖珍潜艇被击毁，1 艘袖珍潜艇被俘。

这便是当年珍珠港事件的全部结果，很明显，美军被日本人给惹火了，从而加入了第二次世界大战的太平洋战场。而这一次突袭，也让日本人彻底掌握了在太平洋上的制导权。

可是，疑问接踵而来。当时，美国的各种仪器都比日本先进，为什么就没有侦测到日本的航母、飞机和潜艇早就潜伏在了自己周围呢？而日本发动这一次突袭，也不是没有一点先兆。

美国海军准将米切尔曾经准确预言了日本将会偷袭珍珠港的行动，他说，日本人将会在 1941 年 12 月 7 日 8 点钟开始有所行动。史料中记载，日本人发动偷袭行动的时间，仅仅比这一预言的时间晚了 20 分钟。

在此之间，日本人的秘密通信曾经被国民党军统人员截获并且成功破译，更令人诧异的事情是，当国民党高层官员把这一消息反馈给美国方面的时候，对方却根本就没有重视这一条至关重要的信息。

在日本人发动偷袭之前，美国曾经出现一张诡异到极致的报纸，这张报纸上的一篇报道也成功地命中了珍珠港事件。

更不可思议的事情是，美国著名小说家霍曼·赖在珍珠港事件发生的几十年前写就的一部作品《伟大的太平洋战争》中的预言和判断，和日本人偷袭珍珠港的方式一模一样，甚至连日本的行军路线都毫无差异。

而这本书，在日本曾产生过非常大的影响。尤其是这本书刚刚在日本出版的时候，偷袭珍珠港的主要负责人山本五十六就曾经在第一时间阅读过。后来，他还建议日本海军应该人手一本，并要求部下们好好地学习领会其中的战略战术，不但要吸收消化，更要学以致用，能够把书本中的理论应用到真枪实弹的战场中去。

和在日本受到如此欢迎的情景相反，这本书在美国却受到了冷遇。

美国人根本就没在意太平洋战争，他们只想着从战争中大发一笔横财，而不是卷入战争中去。甚至霍曼·赖的军事预测，更被美国官方视之为无稽之谈。霍曼·赖本以为自己对太平洋战争的高谈阔论能够引起足够的重视，没想到最终自己反被奚落了一番，他最后只落了个抑郁而终。

然而，霍曼·赖死去仅仅一年，他的预言就变成了现实。

尽管日军偷袭珍珠港，最后反给自己惹来一身骚，但这一时的胜利是有目共睹的。在此后整整6个月的时间里，美国在太平洋战场上一直没有对日本形成足够的威胁。用短短两个小时换来半年时间的战略部署，这怎么看都是一笔划算的买卖。

美国人在珍珠港事件之前确实曾经收到过不少的征兆却无所行动，许多日本方面的军事专家和历史学家表示，这是美国人有意为自己制造加入战争的一个大噱头，否则，最具有重量级的3艘航母也就不会凭空开出珍珠港了。他们认为这不是简单的巧合，而是美国政府把珍珠港当做一个活靶子，只是为了通过肉包子打狗，取得加入战争的借口。

不管怎么说，当初那位小说家的预言，却在最后成了真。只能怪美国人骄傲自大轻视了这本书，从而给自身造成了这次重创。

德国终将被一分为二

第二次世界大战的挑起国，同时也是最大的战败国——德国，在战后被分为了联邦德国和民主德国两部分。这可以理解成德国历史上最大的不幸。但在这一结局产生之前，就曾经有人预言到德国终将一分为二，这个人不是别人，正是德国的元首阿道夫·希特勒。

希特勒最为令人发指的事情是他不但发动了一场世界大战，甚至还实行种族灭绝政策把大量犹太人残忍地虐杀了。在战争末日，希特勒命令德国控制范围内的所有集中营秘密处死关押着的一切犹太人，据说，这一死亡人数高达600万。

然而，这个广为人知的杀人魔头的背后，还背着另一个不为人知的头衔。希特勒同时还是一名预言家，他曾预言的事情随着时间的流逝都一一变作了现实。

如在德国想要吞并奥地利和捷克斯洛伐克的时候，曾有人担心英法会出面干涉，但希特勒斩钉截铁地说，英法两国是不会干涉德国军队的这一次行动的。日后的事实验证，在德国发动侵略的初期，英法两国一直都处于自我防守的状态中，任凭德国人在欧洲大陆上肆虐横行却不闻不顾。

有人把此归结为希特勒对战争形势的准确估计，认为他能够做出如此准确的预言，多半是因为独有的军事才能。

然而此后，希特勒还曾经准确预言了自己最亲密的战友和忠实追随者会和美国人相勾结的事实。当时，纳粹人在西线已经击败了法国，在东线和苏俄的战场上也取得了一定胜利。戈林是纳粹军团的空军头目，其地位仅次于希特勒本人。希姆莱则是党卫军和盖世太保的最高领导人。正是在此二人的推波助澜之下，第二次世界大战才席卷了整个欧洲。

这两人曾经都向希特勒表明过自己的心迹，他们说自己随时都会做好准备以献身于元首。且在当时二人对纳粹能够取得最终胜利深信不疑。当希特勒说出此二人最终必定会背叛自己的预言时，没有人相信这会变成事实。尤其是戈林，在听完希特勒如此说后，激动得全身发抖，足足半个小时，他完全说不出话来。

但预言终归只是预言，因为没有确实的证据可循，希特勒也没有办法向他人问罪。

然而，1944 年，随着盟军在大西洋沿岸开辟了第二战场，纳粹的末日已经越来越近。眼看着自己曾经的信仰将要崩塌，两人便开始重新思索起自己的未来。就在希特勒选择以自杀的方式来结束生命的前几日，两个人却已经和美国人达成了活捉希特勒的条件。

这些或许都可以用看似科学的方式去论证，但希特勒关于德国终将一分为二的预言，却着实是一个千古之谜。

有一次，希特勒和自己的私人医生莫勒尔在闲聊，两人的话题很自然地就转移到了未来的世界格局上。医生问元首对世界的未来有什么看法，出乎他的意料，希特勒说："我亲爱的莫勒尔，既然你问到这个问题，而且你又不是大日耳曼帝国的军人，因此也没必要向你隐瞒这些，我什么都可以对你说。而这些如果对军人说了，就会让人丧失斗志的。所以你千万不要向别人提起这些。你听着，根据我的预知力，我们就快战败了。战败后我们将会一无所有，这里将变成一块美丽的草坪，草坪上将会挂着一个木制牌子，上面写着'纳粹总部'。在这附近，将会筑起一面长长的墙壁，苏联人会割占我们的大片领土，许多东方的日耳曼人将会被迫背井离乡，而剩下的德意志将会一分为二，成为两个敌对的国家，这种局面将会继续到本世纪末。"

医生莫勒尔一直没有向他人提起过这次谈话，他只是默默地把希特勒说的话全都记在了日记本里面，以待历史去验证。

之后发生的历史，果真遵从了希特勒预言的轨迹。民主德国和联邦德国把原本一体的德意志民族分成了两个敌对的部分。而且，东德和西德最终合并的时间也正好是在 20 世纪末期。唯一不准确的一点是，原本希特勒的府第并没有木制的牌子，而是一块石碑，只不过上面刻的也不是"纳粹总部"。

在神奇的预言和历史惊人相似的状况下，谁还会去关心这一微不足道的小细节。人们纷纷议论说，希特勒是不是真的有超越常人的预知能力。如果真如此的话，他为什么就没有预言到自己的失败呢？但若是仅凭这一点就给希特勒的预言盖上假冒伪劣的标签，似乎过于草率。有人说这个预言是杜撰的，但医生的私人日记的真实性又无法否定。各种谜团像烟雾一样笼罩在希特勒的预言上。

专家最终将这一预言归结到了希特勒的惊人观察力和判断力之上，他们认为希特勒预言的正确性也许正是来源于他敏感的政治嗅觉。听起来，这已经和神秘的预知能力毫无关系了，但真相到底怎么样，恐怕只有死去的希特勒才能给出一个标准答案。

第三章
若干个破产的末日论

母鸡预言家的失败

在宗教之中，信徒都是以能够见到最高的神为荣。基督教也不例外，基督徒们最大的愿想就是能够在天堂见到上帝。时间之水滚滚流去，无数人生来又死去，却不知道最后究竟有几个人能够进入天堂。

而预言，又是在基督教盛行的地区中最常见到的一种上帝警告人类的形式。但这种警告只会在宗教或是社会出现危机的时候才有可能出现，基督教的经典《圣经》中就曾有多次预言内容出现。

有人曾统计，在《圣经》中，每四节经文中就会出现一句预言性质的话语。除此之外，还有1000多个独立预言存在于《圣经》中。以基督教预言来推论，《圣经》的真正作者其实是上帝本人，他只是通过此经来表达个人对人世的种种观点，以引导人们向善。通过不同形式的预言，可以最大程度地彰显出神灵的无所不能。

而在基督教中，影响力最大的预言无外乎常见的几种类型，如末日审判、基督复活、耶稣再次降临人间等。而信徒们几乎会毫不怀疑地相信基督再次降临人间的预言，尤其是自中世纪以来，有许多先知都曾经预言过耶稣要再一次来到人间，以拯救受苦受难的基督徒。

因而，许多信徒们都用手在胸前画着十字，用一生的时间去按照《圣经》上的要求去做，目的只有一个，就是希望自己能够成为上帝的选民，在死后能进入向往已久的天堂。

有关耶稣降临人间的预言有各种各样的版本，但最令人吃惊的一次，莫过于1806年出现在英格兰利兹的一个鸡蛋上。

利兹是英国很是发达的一个商业重镇，这里交通便利，人口密集，早在工业革命的时候利兹就成为了英国最为发达的城市之一。作为早期工业化的城市，利兹也理所当然地成为了基督徒们聚集传教的重要阵地。

据传，1806年，在利兹城外的一户人家中，母鸡产下一只刻有字迹的鸡蛋。更让人觉得不可思议的事情是，鸡蛋上的字迹竟然是“救世主要回来了”。这可了不得，一传十十传百，基督徒们纷纷相信世界末日要来了，只有耶稣重新降临人间，才能够帮助自己脱离苦难，以让灵魂升华。这一事件还震惊了当地的传教士，他们把此消息层层向上报告，最后通过主教上报给了大主教。于是，这只刻有字迹的鸡蛋就成为最有名的东西了。

预言总是要和危难相伴而行的。有这样一只预言的鸡蛋出现，就必定预示着世界将要产生危机，于是主教们绞尽脑汁开始琢磨化解的办法。他们甚至还向政府建议，应该取消所有的工业机器，让城市外的乡村保持本有的安静和祥和，只有消除掉各种污染，不随意开发上帝的矿山，才有可能保住已经岌岌可危的世界。

但按照主教们的建议去做，无疑就等于完全否定了工业革命和城市化进程。资本家们可不管这究竟是不是上帝的警告，主教们的建议一旦被执行了，就等于是亲手掐断了获取利润的脖子，工厂主和农场主们根本就不可能接受这样的建议。于是，他们也在暗地里展开了各种各样的对策和攻势，甚至高额悬赏以验证这只鸡蛋的真伪。

很快，就有自称是目击者的人证实说，这只鸡蛋只是主人的一场恶作剧。证人声称，当天他正好经过这家宅院，发现主人拿着笔在鸡蛋上写字。虽然当时他觉得很奇怪，但也找不出问题所在，直到刻有字迹的鸡蛋出现，他才明白原来是主人在鸡蛋上做了手脚。

此消息一出，宗教界像是被痛扇了一个耳光。主教把鸡蛋的主人秘密召集到教廷里，问他这个鸡蛋究竟是什么来源。经受不住巨大压力的主人最后终于坦白了实情。

他说，他这么做，只是为了阻止工业化破坏他家乡的安宁。当时英国的工业革命已经逐渐接近尾声，虽然工业化给社会带来了极大的发展，但因此而产生的各种副作用也日渐突出。人们甚至开始缅怀起当初的田园生活，对工业化产生的各种污染深恶痛绝。但这是历史发展的大趋势，又没有人能够阻挡得了机器轰鸣前进的步伐。这个鸡蛋的主人正是这群人中最普通的一员，他说自己之所以会这么做，是希望能够借上帝之口来阻止这些机器开进他的家乡。

尽管这个预言在短时间内即被证明是一场恶作剧，但它同样是在短时间之内迅速波及整个欧洲。尤其是在英法等国家展开殖民战争的时段，很多人开始相信这是世界末日的先兆，只有相信鸡蛋上刻下的预言，才能够让自己逃离战争的灾祸，从而可以平稳地进入天堂。

哈雷彗星撞地球

在各种各样的末日论中，行星撞地球被认为是最具有宗教神秘色彩且同时兼具科学推理的一种方式。而哈雷彗星很不幸地被人们多次认定为是这场灾难的罪魁祸首。

1680 年，年仅 26 岁的英国天文学家哈雷在法国旅游的时候发现了有史以来最大的一颗彗星。两年之后，天空中再次出现了一颗能够用肉眼清晰可辨的彗星，尤其是在它后面拖着的长长的尾巴，引起了当时所有天文学家的关注。哈雷详细记录了这颗彗星在天空中的运动轨迹，之后他惊讶地发现，这颗彗星并不是第一次降临地球。

辛苦地查阅资料之后，哈雷惊讶地发现，1607 年、1531 年、1456

年、1378 年、1301 年、1245 年等年份均有关于这颗彗星的记载。一番推论之后，哈雷得出结论说，这颗彗星有着自己的运动周期，并且还断言在 1758 年它将会再次降临地球。后来他又推算出可能会受到木星的影响，彗星的再次出现可能会晚一年。但当时的主流科学界对哈雷的这种推测嗤之以鼻。

1758 年的圣诞节，德国的一位天文爱好者率先发现了回归的彗星。1759 年 1 月 21 日，法国天文台的梅西叶也发现了这颗彗星。事实证明，哈雷的推测完全正确。为了纪念哈雷在彗星预测上的伟大贡献，人们将这颗大彗星命名为哈雷彗星。从此之后，人们对哈雷彗星的研究也开始攀升到一个新的台阶。

随着光学的发展，1881 年，一位天文学家发现哈雷彗星的彗尾包含着极为致命的气体——氰。当时还没有人意识到有危机存在，直到《纽约时报》刊登了一则有关于哈雷彗星的报道，人们才真正陷入了恐慌。

当时，天文学家推测哈雷彗星会在 1910 年的 5 月 20 日来到近日点，其和地球之间的最近距离将会只剩下 2500 万千米。《纽约时报》大胆推测说，彗星的彗尾将会毫无意外地扫过地球，届时，人类居住的整个星球都将会笼罩在一片氰气中，人们不得不在这种致命毒气中生活上几个月的时间。也就是说，如果此种状况真的会发生，那么人类将会无一幸免地被氰气毒死，甚至地球将会变成一片荒芜。

《纽约时报》的报道被其他报纸纷纷转载，不少报纸还聘请了专家展开了一场世界末日大推想。一时间，有关于哈雷彗星的恐怖讯息让美国民众陷入了集体恐慌中，人们奔走呼号：世界末日即将到来。

于是，人们开始极度纵欲起来。不少人宁愿倾家荡产也要在世界末日来临之前尽情享乐，甚至在哈雷彗星到来的前一天，还有人不愿意被氰气毒死而跳楼自杀。

1910 年 5 月 19 日的傍晚，夜空中出现了令人惊奇的景象。一团炫目的星团从地平线上升起，它拖着长长的尾巴从西向东移动，像是一把巨大的扫帚一样清扫着夜空。然而，仅仅在几个小时之后，这颗令所有人都感到恐慌的彗星离开了。人类不但没有毁灭，地球上的任何生物都没有受到一丝一毫的影响。

这场“科学”的世界末日，反而变成了杞人忧天般的笑话。

而每76年都会光临一次地球的哈雷彗星，从来都会被认为是世界末日的前兆，人们总是会把这称之为是天启时刻，即末日的审判。

哈雷彗星又被称之为扫帚星，自然是以其拖着长长的尾巴而得名。旧时迷信说，扫帚星出现，或有战祸，或有天灾。即便是当下，也有不少人认为扫帚星会给人带来灾难和厄运。

古代命理学家认为铁扫帚是个凶星，女人命中犯了铁扫帚最为不吉。根据老人的口传，男命同女命一样，命犯铁扫帚也同样是不吉。中国民间把彗星贬称为“扫帚星”、“扫把星”、“灾星”。像这种把彗星的出现和人间的战争、饥荒、洪水、瘟疫等灾难联系在一起的事情，在中外历史上有很多。

中国关于哈雷彗星的最早记载可以上溯到商周时代。史书记载：“武王伐纣，东面而迎岁，至汜而水，至共头而坠。彗星出，而授殷人其柄。时有彗星，柄在东方，可以扫西人也!”此后在数千年的时间中，哈雷彗星每一次出现在华夏大地的天空上，中国人的史书中均有文字记载。最详细的一次记载是在《汉书·五行志》中，其提到“七月辛未，有星孛于东井，践五诸侯，出何戍北，率行轩辕、太微，后日六度有余，晨出东方。十三日，夕见西方，犯次妃、长秋、斗、填，蜂炎再贯紫宫中。大火当后，达天河，除于妃后之域。南逝度犯大角、摄提。至天市而按节徐行，炎入市中，旬而后西去；五十六日与苍龙俱伏”。

公元989年9月，中国和日本的史料中均有关于此次哈雷彗星的记载，日本并因此而更改了年号为永祚。公元1066年，哈雷彗星再次降临，此时正值诺曼人侵入英国的前夕。当时的人们望着天空中长长的尾巴，认为这是上帝的警告和预示。之后，诺曼人成功征服了英国，诺曼统帅的妻子把哈雷彗星回归地球的景象绣在一块挂毯上以示纪念。

哈雷彗星带来的一系列末日预言，在让不少民众惶惶不可终日的时候，同时也让不少人成为了“受益者”。有人借着哈雷彗星扫过地球的谣言，自称制成了防毒面具和“彗星药丸”，有了这二者，便可安全度过灾难期。在罗马，瓶装氧气的需求量也日益倍增，人们希望能够通过瓶装氧气的力量来帮助自己成功度过灾难期。

可是这一切在现如今看来，都成为了一场笑谈。

耶和华见证人会的预言

19 世纪 70 年代，查尔斯·泰兹·罗素在美国发起了一个独立的宗教团体——耶和华见证人会。在现如今的世界范围内，耶和华见证人会的信教人数已经超过了 700 万人，在全世界的 236 个国家和地区均有信徒。耶和华见证人会教导所有的信徒去认识并学习《圣经》。在早期，耶和华见证人会曾以圣经研究者为名称，或者被人们称作千禧年曙光派和万国圣经研究者。

在 1931 年，耶和华见证人会根据《圣经·以赛亚书》中的段落“耶和华说：‘你们是我的见证人，是我所拣选的仆人。’”的启示，才将名字更改为耶和华见证人会。

因而，耶和华见证人会的信仰完全基于《圣经》，并且特意强调了《圣经》中经久不衰的主题——上帝的过渡。他们也认为，只有坚持真理，遵从上帝在《圣经》中提到的各种指示，人们才能够在末日降临的时候得以救赎并存活下来。

耶和华见证人会可以被称为是基督教的一个分支，但其和传统基督教之间也存在着很大的区别。耶和华见证人会在传教的过程中，常常提到世界末日以及只有信仰才能得到拯救。因而，预言在耶和华见证人会中占据着举足轻重的地位。

耶和华见证人会曾 4 次预言世界末日，包括创始人罗素预言世界末日是 1914 年。此预言提出，上帝耶和华要在 1914 年执行他的审判，主判官便是耶稣基督，另外还有 14.4 万名忠心睿智的奴仆效劳。所有耶和华见证人会的信徒都会安心等来上帝选定的这个大日子的到来，以铲除世界上一切邪恶的力量。教会内的领导人还引用《马太福音》的段落说："那日子、那时辰、没有人知道、连天上的使者也不知道、子也不知道、唯独父知道。"

耶和华见证人会认为，1914 年便是外邦人统治时期的结束，是耶稣基督重新返回上天做主并把魔鬼撒旦驱逐出天堂回地狱的时间。而恰好，这一年正是第一次世界大战的爆发时间。

只是在 1993 年的时候，耶和华见证人会的内部领导人出来辟谣说，他们早期的领导者提出了不完全的，甚至不准确的概念。根据他的解释，世界末日并不是可怕的日子，而是天国开始统治地球的好日子。他们认为，现如今的世界正是最后的时期，所有的信徒都在安心等待上帝的甄选。只是这个日子究竟是哪一天，人不知道，耶稣也不知道，天使也不知道，只有上帝知道。

曾有一名脱离了教会的内部成员公开发表声明说："从 1960 年开始，见证人会已经预言 1975 年是世界末日。因为这一年正是人类被创造了 6000 年。因为我们被教导唯独有好名声的见证人才可以在哈米吉多顿战役后幸存。所以我们在 1972 年到 1974 年间，结束我们兴隆的生意，卖掉房屋，以便在剩余的短暂日子里，更加专心地侍奉耶和华。

“1975年来了，又走了，世界末日却没有来临。许多见证人都感到失望和迷惘。而见证人会却对过去10多年，对这个预言所传所写的一概否认，我顿觉怀疑。

“我回想起这并不是见证人会对世界末日的第一次预言，过去它曾多次推测，我就决定亲自去研究有关的末世言论。见证人当然不愿意，也不能容忍有人批评他们的历史和言论，并且严厉处分那些企图批评其言论的人。因为作为长老，工作繁忙，不容许我有时间深入探讨，于是我辞去长老之职。

“我和太太开始对教内刊物做深入的调查和探索。我们大量搜集相关资料，因此发现了很多令人难以置信的预言。

“见证人会曾经预言世界将要在1914年终结。1914年过去后，首任会长罗素又把日期改为1915年，之后又改为1918年。继任会长罗斯福特又预言世界末日为1926年，并说亚伯拉罕、以撒、约瑟和其他旧约时代的圣人都会在这一年复活，重临这个新世界。

“这使我们深深地明了，原来耶和华见证人会这一组织正是圣经所说的假先知。

“我们怎样才能知道预言是从神而来的呢？让我告诉你，当一个所谓先知所发的预言不能应验的时候，我们就知道他不是从神而来的，那些预言只是他自己的假设。”

这一重击，让耶和华见证人会陷入了一片恐慌。以1914年的末日论为例，虽然末日猜想破灭了，但耶和华见证人会的领导者和追随者却有着誓要将预言进行到底的决心，并把末日的时间点不断向后推移，一直到自己生命的终结，他的预言使命才真正画上了句号。

只是，这又成为一出毫无结果的喜剧，在引起信仰者一片恐慌之后，并没有给这个世界带来丝毫改变。只要人类还存活一天，他们的预言就永远都不会终止。

行星连珠呈异象

在2000年5月20日0时，一次“行星连珠”的天文现象震惊了世人。当时，水星、金星、地球、火星、木星、冥王星排列在12.6度的范围内。这也是距当今最近的一次行星连珠现象。上次发生七星连珠的现象要追溯到1965年3月6日9时，当时水星、金星、地球、火星、土星、天王星、冥王星排列在9.3度的范围内。

而2000年发生的行星连珠，是30年一遇的重大天文奇观。以宇宙宏观的角度来说，这并不算是太长时间。在民间流传的说法是，行星连珠往往预示着好兆头。

而下一次将要发生的最为重要的行星连珠，将会是8颗行星，时间被预估在2149年12月6日的凌晨4点钟。

行星连珠并不是容易遇到的现象。因为各个行星在天空中运行的轨迹和周期各不相同，所以会呈现出千百种不同姿态的排列组合，因而能够出现各大行星在一条直线上的天文现象，着实值得关注。美国的一位天文学家曾经计算得出结论，以小于30度的角度来作为评判标准，从公元元年开始算起一直到公元3000年，地球上将会见证39次“七星连珠”，每次间隔的时间从三四十年到上百年不等，平均每77年才会出现一次。因而，人的一生中若是能够见识到行星连珠，是绝对偶然的遭遇。

而离当下最近的行星连珠现象，则要推算到2040年的9月9日。

但想要真正目睹“七星连珠”的奇观，可不止要等上77年的时间，因为太阳没有被计算在其中，所以大多数情况下“七星连珠”都是出现在白天，人的肉眼根本看不到。除非是日食出现，否则星光将会被太阳光无情地吞噬掉。

然而，1962 年 2 月 5 日发生的一次日全食，就和“七星连珠”神奇地相遇了。日食带穿过了印度尼西亚和太平洋，白天瞬间变得如同黑夜，被月亮遮挡了光芒的太阳只有一个银环附着在外面，金、木、水、火、土五大行星环绕在太阳周边。这一奇异的景象整整持续了 8 分钟。

这些天文奇观，无疑会引起许多预言出现。

2000 年 5 月 5 日，当时水星、金星、火星、木星和土星与太阳和月球连成一线。作家理查德·诺纳预言说，行星连珠将会导致整个地球被冰块吞噬。而英国的《新科学家》杂志还煞有介事地引用了“精神考古学家”杰弗里·古德曼在 1977 年写就的《我们是地震一带》中的预言指出，地震和火山喷发将导致世界各地出现巨大裂缝，地球将裂成几块，释放断层移动产生的压力。

无独有偶，在荷兰弗里斯兰省，类似的预言也曾出现。不过这次预言却受到了一个意想不到的结果，其竟然引发了一场科技革新。1774 年，一名教区牧师曾给信众们分发末日小册子。小册子中提到，即将要出现的行星连珠将会把地球毁灭掉。人们一时间全都陷入了恐慌中，随着这种情绪加剧，一名业余的天文学家在自己的客厅中制造了一个行星运行轨道的仪器，以科学的论断打消了人们的担忧和恐慌情绪。这也是现如今世界上最古老的机械行星仪，它成功地解释了行星移动的轨迹。

在中国古代，行星连珠被观测到的机会只有两次，史书上却只记载了一次，这一次的记载正是刘邦登上帝位的年份。没有被记载的那一年，武则天成为了中国的唯一一位女皇帝。

与七星连珠相反的现象，被称为“荧惑守心”，即金星和火星向木星的方向靠拢。古代人们把这解释为客星逼近主星，主星便会有不测产生。公元前 209 年，就曾发生过这一天文现象，当年，威名一生的秦始皇溘然长逝。

而七星连珠，在启示录中也有着各种不可解的神秘语言。“七”这个数字在启示录出现了许多次，表示事物的全部，甚至连上帝和他的受众等一切事物都包含在内。启示录中曾经提到数次和“七”有关的内容，如七灯七星、有着七个封印的书卷、七角七眼的羔羊、吹七号角的七位天使、七头上戴七冠冕的红龙、七灾七山七金碗等。凡是出现“七”的地方，都会有异象产生，而七星连珠又预示着什么呢?

“七”这个数字象征在上帝眼中完整、完全，所以有完美、完全、全部的寓意。因而，七星连珠也被认为是上帝等待的日子已经到来了，他要在人世间有所行动。

然而，星象学家们的预言却遭到科学家的无情攻击。科学家指出，“行星连珠”发生时，地球上不会发生什么特别事件。经测算，即使五大行星像拔河一样产生合力，其对地球的引力也只有月球引力的1/6000，小得可以忽略不计。这样的引力不仅对地球没有影响，对其他行星或者彗星也同样不会产生影响。

中国古代就有“五星连珠”也就是“五星聚”的说法，是说水、金、火、木、土五大行星同时出现在太阳同一侧，看上去就像处在同一条直线上。但实际上，太阳系内各大行星的黄道面（包括太阳在内的地球公转轨道的平面）均略有倾斜，只能在大致相同的方向呈扇形分布，不可能像糖葫芦般穿成一条直线。

此论断的依据是，即便行星连珠有着特别的意义，但几大行星根本就不可能排成一排，因而灾难之说也就不攻自破了。乍听之下，这种论断似乎有些过于草率，但迄今为止出现的行星连珠，并没有给地球带来过毁灭性的灾难，未来的天文异象对地球究竟有什么样的影响，不妨拭目以待。

1982年的末日审判

在基督教中，耶稣重返地球一直是经久不衰的预言内容。此项预言中，最为人们津津乐道的当属福音传教士帕特·罗伯逊做出的耶稣将在20世纪80年代重返地球的预言。《大西洋月刊》曾经报道说，罗伯逊的预言立基于《圣经》的记载，尤其是《帖撒罗尼迦前书》。

《帖撒罗尼迦前书》称："因为主必亲自从天降临，伴随着'天使长'的声音、神的号角声、人们欢呼声。以后我们这活着还存留的人，必和他们一同被提到云里，在空中与主相遇。这样，我们就要和主永远同在。"

同时，预言还指出，没有宗教信仰的人将会和撒旦一起被困在一个火湖中，在那里经受这永世的煎熬。大火将会摧毁整个地球，并在此之后重新创造出一个新天堂和一个新世界。上帝的信徒以及在这次灾难中被救赎的人们将会生活在这片祥和中。

在美国，帕特·罗伯逊是家喻户晓的人物，因为他是一位大慈善家、成功的商人，也是一位教育家和著名作家。并且曾在1988年与乔治·布什一起参加过美国总统的竞选。

同时，他是福音传教士和基督教联合会的创始人，而且他还是一家电视台的老板，并且主持电视节目《700 club》，美国基督教的许多人都喜爱他的电视节目。关于他的电视台还有一个与上帝有关的故事：

时间是1959年，帕特·罗伯逊一家当时还住在纽约。这一天，他声称自己看到了上帝给他的一个异象，让他去弗吉尼亚州用3.7万美元买下一家电视台。于是在当年11月，帕特·罗伯逊就带着妻子和孩子离开了纽约城，驾车来到弗吉尼亚州的泰德沃德。这里也正是上帝展示异象的地点所在。

经过一番艰苦寻找后，帕特·罗伯逊寻到了一家即将要破产的电视台。他告诉电视台的拥有者，自己是受上帝的指示来的。可当时帕特·罗伯逊的口袋里只有70美元，于是二者之间便展开了一场讨价还价。

帕特·罗伯逊先生说："嗨，我是帕特·罗伯逊，上帝让我来买你的电视台。"

"哦，是吗，那么，上帝能出多少钱呢?"

"3.7万美金。而且还需要6个月的筹资时间，您得保证6个月内不再将电视台出售给别人。"

令所有人都感到震惊的是，卖主最后竟然答应了帕特·罗伯逊提出的苛刻要求。并且，他最初的要价高达25万美元，最后却以不到4万美元的价格售出。此后，帕特·罗伯逊在自己的电视台中开始主持《700 club》这档节目。虽然他是福音传教士，且还是基督教联合会的创始人，但他从来不在自己的节目中宣传福音内容。

然而，一切的改变发生在1980年5月的一天。这一天，他通过《700 club》向全世界宣布，他刚刚得到了上帝的指示，他在节目中严肃地说："我向你们保证这个世界将在1982年年末迎来最终审判。"

末日审判在《圣经》中被解释为，只有上帝的选民——基督徒才能和上帝一起进入天堂，那么被遗弃的民众则会走入地狱。当罗伯逊的话语通过电视传播给世人的时候，引起了世人的恐慌。许多帕特·罗伯逊的追随者都跟随在他身边，等待末世审判的降临。

然而这则言论却引起了其他宗教领袖的反对。天主教和清教的许多主教认为，罗伯逊的言论不符合《圣经》的本意，因为在《马太福音》第24章第36节中记载：（末日审判）那日子，那时辰，没有人知道，连上帝的使者也不知道，子也不知道，只有上帝知道。也就是说，即便，罗伯逊是个先知，他也永远都不可能知道上帝选中的日子究竟是哪一天。

更令人奇怪的是，在他向全世界宣告了世界末日的预言后，许多信徒根据他的指示变卖了自己的财产而从世界各地会聚到他的身边。但罗伯逊自己却并没有放弃这家电视台，更没有放弃自己一丁点的财产。

当1982年圣诞的钟声敲响的时候，所有的人都松了一口气，因为帕特·罗伯逊预言的末世审判并没有出现。人类依然像往常一样好好地活在世上，快乐地度过圣诞节。

当时间最终跨过了罗伯逊预言的上帝的审判日后，信徒们则狂欢自己渡过了一个劫难，而那些非基督徒们却并没有因为信仰的问题而走入地狱。

更具有讽刺意味的事情是，罗伯逊依旧过着自己的逍遥日子。《700 club》的节目照常播出，他再也没有提过当初的预言，电视台给他带来的丰厚收入也从没有散施给吃不起饭的信众。

庞培：世界末日的前兆

不只是玛雅人预言了世界末日，古罗马人也曾经做出了十分准确的预言，只是最后这样的预言变成了一场荒诞的笑话。

公元65年去世的古罗马哲学家塞内加预言称地球将化为乌有。塞内加说：“我们所有人都将目睹这一时刻，地球将在天火中化为灰烬，从此诞生一个快乐的新世界。”而一些古罗马人也曾将在公元79年把庞培城埋葬了的维苏威火山喷发当成是世界末日的前兆。

闻名于世的庞培城在一场火山爆发之后消失了。千年之后的今天，我们只能从残迹中瞥到历史的一瞬。庞培孤城始建于公元前8世纪，在公元前3世纪被罗马人划归到自己的版图中。罗马帝国日益强大，庞培城也跟着逐渐繁荣起来。庞培是世界上最美丽繁华的城市之一，生活在其中的人民拥有坚固的战车和民主的政治，内无忧外无患，乐享天伦。然而，庞培的劫数是天定的。

公元79年8月的一天，庞培城的灾难从天而降。维苏威火山毫无征兆地爆发了。灼热的岩浆滚滚而来，将整个城市无情地埋葬了。而庞培城从此便凝固在这一刻。

这一天，烈日当空，闷热的天气就已经显示出了各种异常，但人们从没有想过就在城外不远的维苏威火山会爆发。连日来的小地震，让这座火山像极了愤怒的公牛，山顶上一块奇形怪状的云朵升起，像是一棵极大的平顶松树一样向两边伸开了无数的枝芽，并一点点向着天际蔓延。刺眼的阳光被遮住了，一声震耳欲聋的爆炸声，揭开了这场灾难的序幕。岩浆被喷出万米高，将整个天地都笼罩了起来，火焰像是闪电一样吐着吃人的蛇芯子。一时间，火山灰、碎石、岩浆组成的大军浩浩荡荡地向庞培古城开赴过来。

火山爆发30分钟后，一层轻浮的火山灰作为先行军覆盖了庞培城。硫黄气体独有的炽热让人们难以忍受。又过了4个小时，越来越厚重的覆盖物把房顶彻底压塌了。庞培城也走到了生命的尽头。

古罗马帝国最繁荣的城市庞培因维苏威火山爆发而在18小时之后消失。千年之后，人们重新发掘了庞培古城，似乎一切都又回到过去，景致依然，人却再也不见了，留下了一座空城让人凭吊。

庞培人还不知道，这座已经聚集了几百年力量的火山一旦爆发，他们所拥有的一切将在瞬间被摧毁得面目全非。庞培的灭顶之灾真的来临了，直到灾难发生的那一刻庞培人都不知道，他们脚下的沃土其实是不远处那座火山的馈赠。

庞培城正好坐落在维苏威火山的南面，这里土壤肥沃，气候宜人，物产丰饶，在成排的葡萄架和油橄榄间，庞培人栽种着谷物、蔬菜，还有无花果和迷迭香。然而这一切，都是维苏威火山千百万年以来喷出的火山灰造就的。成也萧何败也萧何，这些肥沃的火山灰铸就了庞培城，同时在最后也毁灭了它。

地球史上最猛烈的火山爆发所喷射的火山砾和火山灰，曾在数年之内遮天蔽日，令无数生命物种在失去了阳光的黑暗中一一灭绝。而如同维苏威火山一样用宁静的外表来掩藏澎湃内心的火山不下 1500 座，维苏威火山爆发完全是在情理之中的。

在庞培城出土的文物中有一只刻有字迹的银杯，上面写着“尽情享受生活吧，明天是捉摸不定的”。此人在写下这句话的时候，或许并不知道庞培城真的会走到被毁灭的一天。在这只银杯被发现的存放葡萄酒的房间里面，同时还挖掘出了一具女性的遗体。这样的对比，显得略微有些讽刺。

而在庞培人的心目中，神是无所不在的。

庞培城中修筑有大量的神庙。其中，阿波罗神庙的占地范围最广。庞培人认为，阿波罗不仅主管光明、青春、医药、畜牧、音乐、诗歌，而且代表主神宣召神谕，且还能够预言未来。在现如今发现的遗迹中，从 48 根庙柱和宏伟的台阶仍可以感受到庙宇昔日的辉煌。而爱神维纳斯也在庞培人的心目中占据着很高的地位。

从原始状态进入文明社会以后，唯一能够维持罗马“国家”精神力量的就是先祖神话，以及对“当代”皇帝的半神崇拜。于是，庞培城里的公共家神（佩纳特斯）庙、罗马主神朱庇特神庙也是随处可见。

但这些神庙里供养的神灵，没有一个能保护庞培城免受这场意外之灾。当灼热的火山碎屑像暴雨一般从天而降向着庞培倾泻而来时，人们如同鸟兽一样四散逃跑。他们似乎认定这便是哲学家塞内加预言的世界末日。在砾石的袭击中侥幸存活的庞培人的眼睛和胸腔被遮天蔽日的火山灰封堵住了，这令他们最终因为窒息而死。临死前，有人写道："生命中最悲惨的一刻来临了。"

公元 79 年，维苏威火山爆发 18 个小时后，火山碎屑将整个庞培城掩埋，最深处竟达 19 米，曾被誉为美丽乐园的庞培从地球上消失了。

只是，哲学家塞内加只预言对了一半。这场火山爆发对庞培城来说，绝对是一场无法逃避的末日。但除了庞培之外，世界依旧安然无恙。

天火炙烤伦敦城

在《圣经》的记载中，666 是一个很不吉利的野兽数字。在历史即将推进到 1666 年的时候，欧洲的基督徒们开始心惊肉跳地等待着灾难的降临。

1665 年，伦敦发生了可怕的瘟疫，很多人被夺去生命，这场灾难进一步加剧了人们的恐慌情绪。1666 年，伦敦又爆发大火，很多人相信审判日已经来临。很多人都认为 1666 年的这场大火是上帝开启的天启年，是一场旷世的审判，是上帝在用怒火惩罚有罪的地球。

在 1666 年 9 月 2 日凌晨 1 点钟左右，敦普丁巷有一间面包铺失火。一阵大风将火焰很快吹过几条全是木屋的狭窄街道，然后又进入了泰晤士河北岸的仓库里。不多时，整个伦敦城便陷在了大火的包围中。这场大火整整烧了4天，包括87间教堂、44家公司以及13000间民房尽被焚毁，欧洲最大城市伦敦大约六分之一的建筑被烧毁。

在这场大火的前一年，即1665年，欧洲爆发了鼠疫，仅伦敦地区就死亡了6万多人。3个月内，伦敦的人口减少了1/10。这场瘟疫使得皇族也开始逃离死去，病人的住房都被打上了红色标记。不少人开始移居乡下，以逃离大城市的困扰。因为无人管制，生活垃圾开始到处堆放。这也成为了使火势得以蔓延的最大推手。

这一切都只是序幕，真正的灾难开启于恐怖的1666年。

之前，国王查尔斯曾致函伦敦市长，敦促他实施严格的灯火管制。火灾发生时伦敦市长在凌晨就接到了失火通知，但他毫不在意，这一天是星期日，他没心情工作。到下午，大火已经烧到泰晤士河畔，结果一发不可收拾。到了星期三整个伦敦已有1300间房屋被烧毁，87个教区的教堂被烧毁，300公亩的土地化为焦土。圣保罗大教堂被烧毁，连古墓也没有避免此劫，而露出了像是木乃伊的尸首。

然而，在记载中，只有5个人死于这场火灾。后经调查发现，火灾起因于一个面包师忘记了关上烤面包的炉子。真正死亡的人数可能永远都不会有人知道了，约翰·伊夫林曾提到“有一种来自某种生物遗体的恶臭味道”。现代的法医学甚至认为，高温致使许多尸体都凭空蒸发了。

但这场灾难，如今看来并不是上帝惩罚，相反其罪魁祸首却是人祸。《圣经》中神秘的预言至此才画上了终结。

“天堂之门”带来的灾难

常被作为不祥之兆的彗星除了哈雷彗星之外，还有一颗罕见的同时以两个人的名字命名的彗星——海尔·波普彗星。

海尔·波普彗星是在1995年被发现的。当时，波普正在亚利桑那州观测人马星座，然而他却意外地注意到了一颗原本不在星座内的天体。凭直觉断定，这是一颗尚未被发现的新的星体。于是，在对此天体做了光度和位置的观测之后，便用计算机程序确认了这颗尚未被人发现的新天体的报告。

与此同时，新墨西哥州的海尔在进行例行观测彗星期间，也发现了这颗新彗星，并发报请求国际天文学联合会予以确认。由于两人几乎是在同时发现这颗彗星，所以，国际天文学联合会以同时发现的海尔和波普来命名，即为海尔·波普彗星。

海尔·波普彗星无须使用仪器观测的时间，共持续了569天，打破了原先大彗星可以用肉眼观测到的纪录。并且通过推算得出结论，海尔·波普彗星的运行周期是3000年，因而此次发现可以说是千年不遇。它下一次回归地球的时间被推测在4380年左右。

海尔·波普彗星的出现，引起了天文学爱好者的极大兴趣，但同时也引起了更多人的恐慌。在观测的过程中，有人声称自己发现了外星人的飞船，甚至还有人说外星人为了躲避地球人的视线而隐藏在彗尾中。并且，该彗星反光很强烈，普通的望远镜根本就看不到彗尾内部，只有通过哈勃望远镜才能够一览真相。

因而，外星人降临地球的传言最开始的时候并没有引起多么大的反响。一直到阿尔特·贝尔的超自然电台脱口秀节目把这一谣言散播出去，人们才真正恐慌起来。尤其是人们对海尔·波普彗星的构成还一无所知，许多现象无法得到正确的解释，在经过阿尔特·贝尔的添油加醋，海尔·波普彗星变成了是外星人驾驭的超自然能力。不少无知的信众臣服在这些现象之下。

当时的美国宇航局和天文学界并没有对外星人的谣言进行澄清，他们只是指出那些尚未得到解释的自然现象并不是外星人所为，但这究竟是怎么一回事，还没有人能够给出满意的答案。人类长久以来存在的外星人传闻也适时出来作祟，使得外星人隐藏在彗星尾部的传闻影响愈来愈大。

圣地亚哥 UFO 组织凭借这次彗星的出现，向世人宣布：世界将走向毁灭。圣地亚哥 UFO 组织也被称为“天堂之门”，他们多年从事不明飞行物的探测、研究。所谓外星人隐藏在彗星尾部的说法，就因为他们的鼓吹而广为人知。

“天堂之门”的成员还声称，在世界走向灭亡的时候，任何生物都不能避免，只有属于“天堂之门”的人才能通过一种特殊的方式进入天堂，这种方式就是自杀。于是在 1997 年 3 月 26 日，有 39 名“天堂之门”的成员选择了集体自杀。他们在临死之前说，希望可以通过这样的方式成功抵达天堂之门，进而进入上帝的所在。

根据《天启》所载，“天堂之门”的信徒们相信撒旦控制着地球和人类，所有的一切都将在天启火焰中化为灰烬。而海尔·波普彗星正是开启天启的一把钥匙。

不久之后，海尔·波普彗星渐渐离地球远去，关于它的多种猜测也逐渐淡出人们的视野。“天堂之门”预言的世界末日也没有出现，世界依然平稳地存在于这个星球上。

海尔·波普彗星并不是一颗年轻的、第一次来访的彗星，它的核心物质应早已被太阳多次地加热过，所以在接近太阳时会放出大量的尘埃粒子与气体，形成明亮的彗发和生成壮观的彗尾。与哈雷彗星比较，若把两颗彗星放在同一轨道上，海尔·波普彗星的光度比另一颗会亮上千倍。

在1997年，海尔·波普彗星离开太阳后持续转暗，天文学家仍然对其展开追踪，至2005年1月，它已超越了天王星的轨道，使用大型望远镜仍可作出观测，至最近的结果显示，它仍在释出彗尾。直至2006年1月，仍有日本天文爱好者在澳大利亚拍摄到该彗星的身影，这也是海尔·波普彗星时至今日还能够引起人们恐慌的一大缘由所在。

然而，它已经在逐渐远离太阳了，海尔·波普彗星以及“天堂之门”的传言，却已经化成了泡影。

新一轮“冰河世纪”

作家理查德·诺纳在其1997年出版的作品《冰：终极灾难》一书中提到，2000年5月5日将会是世界末日。这一天，不仅是可怕的行星连珠，更会有极地的融冰向赤道地区蔓延。同时诺纳还指出，这不是地球第一次遭受这样的灾难，有记载可查的几次冰河世纪都可以作为先例。这场灾难的后果是无法预测的。

然而，2000年早已经远去，诺纳预言的冰河世纪并没有重新降临。但科学家们并没有因此而放松对“冰灾难”的警惕。在气候日益变暖的前提下，冰冻地区的冰层正在一点点地融化掉，这必将对人类的生存造成不利影响。

那么，诺纳提到的冰河世纪究竟会是什么样的末日场景呢？

冰期有广义和狭义之分，广义的冰期又称大冰期，狭义的冰期是指比大冰期低一层次的冰期。大冰期是指地球上气候寒冷，极地冰盖增厚、广布，中、低纬度地区有时也有强烈冰川作用的地质时期。大冰期中气候较寒冷的时期称冰期，较温暖的时期称间冰期。大冰期、冰期和间冰期都是依据气候划分的地质时间单位。大冰期的持续时间相当地质年代单位的世或大于世，两个大冰期之间的时间间隔可以是几个世纪，有人根据统计资料认为，大冰期的出现有1.5亿年的周期。冰期、间冰期的持续时间相当于地质年代单位的期。

在地质史的几十亿年中，全球至少出现过3次大冰期，公认的有前寒武纪晚期大冰期、石炭纪—二叠纪大冰期和第四纪大冰期。

一般所说的冰河时代，主要是指第四纪的大冰川的时代。因为它离我们最近，在地貌及沉积物等方面遗留下许多痕迹，使我们对它了解得比较详细。实际上在整个地球发展史中发生过好几次这样的大冰期，有时冰川的范围扩大到目前在赤道附近的南非、印度和澳大利亚。根据发展的观点来看，地球上今后还有可能发生大冰川的降临。

第四纪生物界的面貌已很接近于现代。哺乳动物的进化在此阶段最为明显，而人类的出现与进化则更是第四纪最重要的事件之一。

诺纳并不是第一个提出冰河世纪以及世纪末日观点的人。时间回溯到1999年，当时正值“世纪末情节”的笼罩之下，许多光怪陆离的末日论甚嚣尘上。而听起来最具有科学理论作为支持的，便是极冰融化，人类再次面临冰河世纪，以及比其更要可怕的种种威胁。

一项被称之为来自海洋学家和气候学家的研究表明，冰川的融化，将会释放出被冻结的恐怖病毒。这些病毒眼下被关在那个魔瓶子里，一旦有人启开瓶塞，人类可就要遭殃了。这个潘多拉之盒的预言并不是耸人听闻，数万年来地球上的季风一直在把热带的海水送往极地，同时被风带走的还有各种矿物质、浮游生物以及动物的尸体。他们被长久冻结在南北极的冰川中，有朝一日一旦冰川融化，那些早就在地球上销声匿迹的病毒也就会被重新释放出来。而当下的世界，早就对这些病毒失去了免疫能力。

这些病毒即使经历几千、几万年可能依然保持着生命力。这一点不久前在格陵兰岛上得到了证实。当研究冰层物质的科学家们，从冰川和冰原深处取出大约13000年前的冰层样品时，令人惊骇的事情发生了，这些古老的冰芯中竟然释放出了一种能够攻击植物的细菌病毒。这引起了一些科学家的极大忧虑，因为这表明一旦环境和温度条件许可，这些冻结在极地冰川中的病毒和细菌就会再度活跃、繁殖、传播，甚至发生变异，引发大规模的疾病和灾难，从而会导致物种灭绝。

所幸的是，这种不幸至今还没有发生过。

地球在将近50亿年的生命周期中，一直处在相对稳定的状态中公转和自转着。但这并不代表地球会一直稳定下去，虽然地球上的环境和气候在短时间发生剧变的可能性并不大，但这却不代表不存在这样的概率。在这些古老的冰层中所隐藏的病毒种类相当繁杂，美国纽约州锡拉丘兹大学斯塔摩尔教授指出：“尽管还不能确定有多少病毒会再次返回到现代文明社会中，也不能确定这些再次飘流到我们身边的病毒中有多少会威胁人类的生存环境和人类自身健康，但确定无疑的是这一切将会发生。”

尽管如此，仍有许多科学家在承认这一理论的前提下，仍保持着相对理智的头脑，他们认为真正出现如此灾难的可能性实在是太渺茫了，所以人们没有必要杞人忧天。

另一则和冰川融化带来的灾难相关消息显然也足以令闻者心惊。由于全球气候变暖，极地冰川融化速度加快。科学家为此发出警告：我们必须拯救地球。如果极地冰层完全融化，将导致海洋暖化。天然气将被从海洋中释放出来，我们将因空气中天然气含量过高而中毒。

在基督教教义中，千禧年是基督再度降临，撒旦被打入地狱，而殉道者复活并与基督共同统治千年的许诺，而到了千年的末期，撒旦会再度作乱，但最终归于失败，并接受最后的审判。

趁着千禧年的到来，预言大师理查德·诺纳提到，在2000年5月5日南极冰层厚度将达到3英里，而与此同时，行星将在这一天排成一线进而引发全球性冰冻灾难，地球将进入如同史前冰河时期一样的时代，人类将因无法忍受严寒而面临灭绝的危险。众所周知，史前的冰河时期，地球上的陆地和海洋都被厚厚的冰层覆盖，气候非常寒冷；海洋里有很多冰块，地面也凝结了厚厚的冰，许多生物因此面临灭亡或被迫迁移，只有能够适应环境的物种才能幸存下来。

虽然这一预言在当时引起了不小反响，他出版的书也在短时间内被抢购一空。但在这个时间点默默无闻地溜过去之后，一切都没有改变，理查德·诺纳也再度从公众的视野中隐去。

千年虫审判日

提起千年虫，每一个用电脑的人都不会感到陌生。在计算机终端设备已经普及到千家万户的时代，人类对电脑的依赖程度也越来越大。如果没有了它，便捷的现代生活将无法正常进行下去。因而，一旦计算机出现危机，整个人类社会便将会陷入瘫痪之中。

1988年互联网界的一次风暴吸引了人类的目光，这便是——电脑

“蠕虫”将会吃掉互联网。这次的计算机危机一直延续到了千禧年，电脑本身的系统危机使人们联想到了世界末日，因而，有人就把千禧年定义为千年虫的审判日。

“蠕虫”，更确切地说应该是一种电脑病毒。这种病毒总是把自己复制成为二进制形式的文件，并通过远程登录、文件传输和电子邮件传播。这些程序还有自己的加密措施，并作为文件存在于电脑的根目录下。电脑用户通常都是手动删除，但仅仅删除是不够的，它们还可能在下次启动电脑的时候再次产生。

这种病毒在随后的几天里，以不可阻挡之势袭击了国际互联网。有数千台计算机受到感染，国际互联网接近于瘫痪，整个世界都陷入对计算机病毒的恐慌。

数千台计算机在“蠕虫”大规模的攻击下完全瘫痪，它们不但会大量自我复制，更能够将计算机的系统紧紧锁死，以至于世界头号计算机公司 IBM 也不得不被迫关闭感染了“蠕虫”病毒的 35 万台计算机长达 3 天之久。这次蠕虫突袭，造成的直接经济损失达数 10 亿美元。

虽然最后病毒被攻破了，但计算机系统本身存在的危机并没有消除。尤其是在世纪末的时候，“千禧危机”开始甚嚣尘上，人们纷纷认为这一场处于计算机本身的危机将会提前导致世界末日降临。

原来，计算机系统的大部分软件都采用公元年份的后 2 码来表示日期，例如 1998 年 12 月 22 日表示为 98/12/22。这种是计算机二进制下的一种内存节省，方便计算。然而，问题也就出在这种纪年方式。因为计算机系统无法识别 00 的真正含义，它既可能是 1900，也可能是 2000，这样就会出现计算机无法正确识别日期，或者出现计算错误。对于那些过分依赖计算机的工商业，将造成无法弥补的重大损失和失序。进一步则会引起社会各行业的瘫痪，从而引发社会的动荡。

年复一年，直到新世纪即将来临之际，大家才突然意识到用两位数字表示年份将无法正确辨识公元2000年及其以后的年份。1997年，信息界开始拉起了“千年虫”警钟，并很快引起了全球关注。

千年虫是怎么扰乱我们的生活的?

如果千年虫问题没有得到及时的解决，那么我们的生活可能会出现一些意想不到的混乱。如在金融业，到了2000年，银行里面的电脑可能将2000年解释为1900年，引起金融业利息计算上的混乱，甚至自动将所有的记录消除；自动取款机会拒收“00”年的提款卡；在电信业，如果在1999年12月31日23：59分打了3分钟的电话，电话局的账单却可能把这3分钟显示为100年。

即使人们没有买电脑，也不会觉得千年虫与你一点关系都没有吧。因而千年虫的危机才会让所有人都感到惊慌失措。

有关千禧年的危机变得越来越严重。有人预言，计算机的瘫痪会造成大面积断电，甚至还会引发核爆炸等无法预估的灾难。而这一切的罪魁祸首都只是那个小小的“蠕虫”病毒。这种恐怖且惊慌的氛围从美国一直传到了欧洲，进而在世界各地开始流行起来。恐慌的人们纷纷购买枪支弹药以求自保，甚至有些人还提前挖好了掩体来作为在危难时刻的避难所。

2000年钟声敲响的时候，千禧年真的来临了。但是，人类没有走向末日，依然安稳地存在于这个星球上。在此之前，计算机专家克服了二进制中的纪年问题，也就不存在所谓的分不清00到底是代表1900还是2000的问题。

这种变故引发的影响力旷日持久。《华盛顿邮报》曾报道，福音派新教会建议信徒储备食物，迎接最可怕时刻的到来。杰里·法尔维尔和帕特·罗伯逊等领导者暗示新千年的到来将导致世界走向毁灭，就像

《圣经·启示录》中所描述的那样。

然而，千年虫的危机并没有随着千禧年的过去而消逝。

10年前的千年虫事件，这个使几乎所有电子设备瘫痪的病毒，在沉寂了10年之后，再次悄然现身。据最近的网络消息称，出乎人们的预料，2010年再次出现类似2000年的“千年虫”问题。

德国银行协会5日警告说，在进入2010年之际，超过2500万张德国银行卡可能遭到类似“千年虫”软件漏洞的损害，导致电脑芯片无法识别年份“2010”，从而让使用自动取款机或在德国境内甚至境外分行取款、用卡消费的银行客户无法使用银行卡。为此，银行已经启动人工批准流程，以保证经济的正常运转。

在相隔10年之后再次出现相同的事件，确实令人匪夷所思。是机器本来就不可靠，还是人类编写的机器语言本身就是有漏洞的？一切尚无定论，但千年虫给人类造成的审判日，在漫长的未来中有可能还会继续作威作福。

人造黑洞吞噬地球

在宇宙中恒星逐渐演化的过程中，随着其自身质量的消亡，便会因此而形成一个黑洞。黑洞是一种引力极强的天体，就连光也不能逃脱。它就像宇宙中的无底洞，任何物质一旦掉进去，就再不能逃出。因为黑洞可以把光线吞没，所以用人的肉眼是无法观测到黑洞的存在的。唯一可以判断黑洞的方法，便是根据测量它对周围天体的作用和影响来间接观测或推测到它的存在。

这本是宇宙天体的自然演化过程，是大自然作用的结果。但在

2009 年 9 月大型强子对撞机启动时，一些批评者预测称这台世界上最大的粒子加速器将制造一个足以吞噬整个世界的黑洞。人造黑洞即将吞噬整个地球的传言，开始变得纷纷扬扬起来。

末日论者认为，这个人造黑洞在最开始的时候将是一点点地吸收其周边的微小物质，一直到最后可以将人类居住的整个星球都吞没了。纵然有科学家出来辟谣说，这台粒子加速器能够制造出黑洞的概率微乎其微，但这并不能遮盖住人们的恐慌心理。一些独立科学家在 2008 年的春天向法庭提起了诉讼，他们要求强制阻止启动强子对撞机。

然而，这一切都只是徒劳。现如今，这台强子对撞机早已经“上岗”了，且迄今为止还没有对人类赖以生存的地球造成任何灾难。

英国《卫报》曾报道了人类未来 70 年内可能发生的十大灾难。其中，“黑洞”吞噬地球被列为十大灾难之首。好莱坞电影中提出的利用粒子碰撞原理制造“人造黑洞”吞噬地球的情节，又再一次把人们的目光聚焦到了这一前沿的科学领域。

最早的人造黑洞设想诞生于 20 世纪 80 年代。加拿大的一位大学教授提出，声波在流体中的表现与光在黑洞中的表现非常相似，如果使流体的速度超过声速，那么就可以在该流体中建立一个人造黑洞。美国的一位物理学教授也对该理论进行了相关研究，最后他得出结论说：人造黑洞毁灭地球的理论纯粹是小说和电影里的虚构，真正的粒子碰撞制造出的人造黑洞不可能吞噬地球。

现如今，已经诞生的这台粒子加速器位于法国和瑞士交界处的世界上最大的粒子物理研究中心欧洲核子研究中心中的一个长约 17 英里的隧道中。因而，这里也被人们称之为世界上最大的“黑洞工厂”。相关报告显示，欧洲的科学家将会在短时间内用粒子加速器制造出人造黑洞。科学家们将在实验中撞击质子，模拟宇宙大爆炸后一万亿分之一秒内的能量和条件，接着细致分析撞击产生的残骸，用以探求物质本质的线索和自然中新的力量和平衡。

研究者很坦然地面对了世界各地科学家的质疑，有负责人站出来说，即便真的制造出了人造黑洞，其也不会对当下的正常生活产生任何影响。因为，所有的黑洞都要释放出宇宙射线，小的黑洞所释放的物质要远远多于其吸收的物质，因此，在它们吸收物质之前自己就早已瞬间蒸发了。也就是说，利用粒子碰撞产生的黑洞是无害的。

最后，负责人坦言："欧洲建立大型强子对撞机，是为了揭开宇宙大爆炸之谜，而不是制造黑洞毁灭地球。"

人们的担心并没有随着科学家的辟谣而消逝。不少科学家担心，人造的黑洞会不会失去控制，最终越变越大，先是把整个实验室给吸引去，进而就是整个地球。虽然现在的物理学界普遍认为这件事不可能发生，但也有一些人认为这种危险不可低估。

其实，在人类制造的粒子加速器当中，科学家除了担心人类造出的黑洞会吞噬地球，而且还存在着另外三种可能发生的危险性事件：

第一种，在重离子碰撞中可能发生核爆炸的过程，而且核聚变会发生级联反应，毁掉整个世界。20 世纪三四十年代，一些人对此十分担心。

第二种可能，就是出现真空态的跃迁。现在的宇宙并不是一个完全稳定的态，它是一个亚稳态，一些科学家认为它可能走向一个更低的态。如果出现这样的事，就有可能出现连锁反应。

第三种可能是奇异物质态出现。根据现在的夸克理论，平常的物质由上夸克和下夸克组成，但还有一种夸克叫奇异夸克，在粒子碰撞时，有可能出现一个奇异物质态。这种态形成后，它有可能把周围的物质也变成奇异物质。这样也会发生连锁反应。

这几种可能性从现有的科学道理都不能完全排除。但科学家可以反证在类似地球环境下不能发生。从现有的科学道理讲，不能完全排除发生核爆炸、人造黑洞吞噬、奇异物质态和真空跃迁在人造的加速器上发生。但现在人类制造的粒子加速器的能量还非常低，宇宙线中的粒子能量比人类粒子加速器中的能量要高出一万亿倍。如果能发生人们预想的情况的话，不但人类再也看不到月亮了，甚至连周围的星也会被粒子加速器产生的黑洞吸进去。如果加速器能够发生这样可能性灾难事件的话，那么，这种事情早就在地球上发生了。

也有人声称，可以用人造黑洞来当做战争武器。这更被主流科学界当成一场笑谈。但科技在日新月异的发展过程中，人类究竟有没有能力控制住科学技术的走向，现在下结论，未免为时过早。

华丽丽破产的末日论

有许多曾经盛极一时的末日预言，最后都遭到接踵而来覆灭的命运。并且这些预言，在最初看起来都煞有介事，但在命运的转盘上，留待给它们的结局往往带着更多嘲讽的意味。而这样的末日预言，并不在少数。

因而，看看下面这些或许近乎可笑的预言，对于未知的未来，人们也许能够保持着一份淡定的心态去看待：

1. 公元前2800年的时候，亚述人泥土碑上记下了世界最古老的一个世界末日来临的预言，上面是这样写的：“我们地球近来将会衰落。各种迹象表明世界将迅速走向终结。贿赂和腐败相当普遍。”当时，不管在什么地方，只要两个年龄超过30岁的人碰到一起，就会听到类似的危言耸听。然而，最后的历史只能够证明，当时的人们实在太容易被这样的预言愚弄了头脑。

2. 970 年 3 月 25 日，洛塔林王朝的谋士们认为他们在《圣经》中发现了证据：某个宗教节日的关联词预示着世界终结的时间。看看这个时间点便会知道，这是发生在第一个千禧年前夕的末日谣言。甚至当时的圣伯诺特修道院的修道士给他们的国王写了一封信，抱怨了洛塔林人的言论："当天使报喜节指向耶稣受难日时，末日谣言几乎传遍整个世界，毫无疑问，这可能就是世界末日。"在此灾难日过去之后，人们对千禧年的恐慌至少持续了 30 年，甚至千年之后人们仍对千禧年的到来心怀恐惧。

而在第二个千禧年即将到来的时候，相同的末日谣言再次兴起。这就像是难以杀死的感冒病毒一样，各种药物只会让它暂时平息，一旦遇到合适的时机，其又会毫无预警地发作起来。

3. 1524 年 2 月 1 日，受一群伦敦占星家预言的惊吓，2 万人离家逃到高处，以躲避所谓的泰晤士河将爆发第二场"大洪水"的危言恐慌，但最后什么事都没发生。有意思的是，不仅仅是伦敦占星家犯这种错误，德国占星家约翰尼斯·斯托弗勒也在同一个月里发布了类似的预言。其实到最后，真正可笑的已经不是究竟是谁最先发出这种荒谬的预言，而是人们对未知的恐惧已经盖过了正常生活的激情。但当人们变得对自己都不再信任的时候，这个世界还剩下什么值得相信的呢？

4. 1666 年，这一年出现成堆的世界末日的预言。由于此年份中包含 3 个"6"，一些人便将它与《圣经·启示录》中的"兽数 666"联系起来，再加上瘟疫长期肆虐英国，更使人们越发相信这一年的伦敦大火是最后审判日的前兆。伦敦大火最后究查出来的结论，等于重重扇了当局一个耳光，并且也给了正在自诩进步和文明的人类一个大教训。

5. 1919 年 12 月 17 日，气象学家艾伯特·普塔（Albert Porta）声称行星的罕见会合会形成强大的引力或者磁通量，会导致巨大的太阳耀斑冲向地球，把大气烧尽。一些轻信者听到此预言后选择自杀而不愿被毒气毒死。仔细想想，这是继彗星毒气会毁灭地球之后，在科学界被推论出的又一大失败之作。

6. 法国预言家诺查丹玛斯在《诸世纪》中的第 10 卷第 5 章写道：1999 年 7 月之上，恐怖大王从天而降……按诺氏的预言及其后世追随者的解释，1999 年的 7 月人类将面临灭顶之灾。而当年 7 月上旬最轰动世界的事件是俄罗斯在哈萨克斯坦用质子火箭发射卫星，火箭在空中发生剧烈爆炸的事故。据报道，该质子火箭大爆炸所产生的无数碎片足足散落了大约 2000 平方千米的地表。

这则预言虽然并没有如同书中写的一样最终变成了世纪末日，但却是越来越兴起的人类科技造就世界末日的各种预言中最靠谱、最准确的一个了。

7. 2006 年 2 月 12 日，预言家克林顿·奥提兹在他的网站上声称，威廉王子正是《启示录》提到的那个反基督教的人，他将在这一天掌权。他还援引威廉王子的母亲——戴安娜王妃的话说："我相信威廉能重建亚瑟王的宫殿，我将成为他的梅林。我们将重新恢复骑士精神，华丽和亚瑟王法庭的庄严。威廉将通过他的爱心、领导能力和同情心变革君主制。"

这一段话中提到的梅林，曾经是亚瑟王的政治顾问，他是一个伟大的预言家，并且还担任着魔术师的职责。但当这个时间点一过去之后，这位预言家反倒被自己做出的预言捆缚住了手脚。失败的预言让他颜面扫地。

8. 2008 年的时候，发生两件至今听起来依旧啼笑皆非的事情。

2008年3月21日，一个很小的基督教派“上帝目击者”在他们的网站上宣布这一天就是世界末日，有意思的是，这个预言现在仍挂在其网站上。

另一件事情发生在5月，35名“真俄罗斯东正教会”的教徒在一个洞穴里待了6个月，以躲避世界末日的到来。他们的领袖、世界末日的预言者彼得·库兹涅佐夫却没有躲到洞穴里。最终，末日没有到来，库兹涅佐夫被送上法庭。

各种末日论在时间的车轮面前，大多被碾得粉碎。在人类的有生之年，到底能不能够看到末日到来，目前来说依旧只能被确定为未知数。

第四章
《圣经》——受众最多的预言书

预言经典书

提到预言书，《圣经》是永远都无法绕过去的话题。

因为西方盛行的是基督教，因而《圣经》一书也便是阅读量最大的书籍。作为基督教的经典之作，《圣经》从诞生至今已经有大约3000年的历史了。在《旧约》和《新约》两部分中，各自均有不同的侧重点。《圣经》是从上帝耶和华如何创造这个世界开始讲起，以上帝和古犹太人之间的历史和传说为主要线索，讲述了耶稣和门徒之间的故事。

但综观《圣经》全书不难发现，这其实是一本充满了各种各样预言以及先知的书籍。神的预言以先知们的口讲出来，并在世间得到印证和发展。据统计，圣经自问世直到今天，发行量累积已超过40亿本，是历史上印刷量最大的图书，即使是在今天，平均每年的印刷量依然超过3000万本，堪称全世界最畅销的书。由此足见这本宗教圣典的巨大影响力。

《圣经》中著名的预言有许多，如千禧年危机到末日审判的言说等，这些无疑不受到众多预言界人士的狂热追捧。但为了避免因为预言的失败而对这部经典的影响力造成影响，正统的基督教派的信徒们一直在竭力反对这种有关于《圣经》的预言学说。

但自从《圣经》问世，就是被当做预言经典来看的，甚至是《圣经》中的最后篇章完全可以看做一系列的预言。而这一部分，通常被称之为《圣经·启示录》。在整本书中，也只有这一章节毫不吝啬笔墨而对人类的最终宿命进行了详细讲解。《圣经·启示录》对人类做了这样的一个预言，人类的末日最终将会来临，在这之前人类将会面临一个非常大的劫难，劫难之后，所有的人都将会在上帝面前接受审判，该入天堂的入天堂，该下地狱的下地狱。

众多预言中提到的“天启”、“末日审判”和“世界末日”等词汇，其实全都脱胎于《圣经》。因而，纵然遭到了宗教界的反对，在众多热衷于预言的研究者和读者的心目中，《圣经》一书仍然占据着极高的地位和价值。

《启示录》里的正邪之战

《圣经》中的《启示录》部分，是传道士传教的重要依据。其中许多神话和比喻，成为基督教世界艺术经久不衰的源泉。

《启示录》被称为耶稣基督的启示。据传，罗马皇帝图密善迫害基督教会，使徒圣·约翰被放逐到了拔摩海岛上，主就在那里向他显现，把“现在的事和将来必成的事”都一一指示给他。圣·约翰就把自己所看见、所听见的真道和见证全都记录下来，随之也就成为《启示录》一书。

《启示录》是《圣经》各卷中最难懂的一卷，解经家各作不同的解释，大致可归为四类：

第一种解释的方式被称作“过去式解释法”，此说认为本书诸表征是指当时发生的事，所以已成过去，与现时代没有关系。

第二种解释方式被称作“历史式解释法”，此说认为本书是用预言的手法，写下自当时至主再来时的人类历史。各表征是显示在这段历史中陆续发生的事件。

第三种解释方式被称作“未来式解释法”，此说认为本书第四章以下皆为对未来的预言，它们将应验于教会被提之后，即七年大灾与千年王国时代。

另外还有一种解释的方法，被称作“灵意解释法”，此说认为本书的一切表征是指示真神支配人类历史的原理与原则，不是预言特定的事实。所以当以原理或灵意解释之。

《启示录》共有22章，其预言了在一定时期人类将要面临的天灾、病疫、战争、正邪之战（上帝及其信徒们是正义的一方，一个反上帝或反基督的魔鬼领导一批邪魔是邪恶的一方）、上帝大审判和人类每个人的根本归宿。不论是哪一种解释方法，似乎都脱离不开预言两个字，这才应该是《启示录》的最中心思想所在。

和其他预言不一样的是，在《启示录》的结尾严重警告不许任何人对《启示录》作任何更改，否则将受到惩罚，口气之大和强硬在《圣经》中少见。在西方国家中，最有影响力的预言书莫过于《圣经》了，而《启示录》又是《圣经》中最具有影响力的章节，能够和其相提并论的只有《旧约》中的丹氏预言书。《启示录》预言全面、系统、庞大，是《圣经》预言中最精华的部分，影响力最大。

在《启示录》中，详细记载了人类的末日大劫，这似乎是一场旷日持久的正邪之战，在战斗的最后，双方都没有得到最好的结果。虽然光明总是要战胜黑暗，但为了这场战争而付出的代价也着实过于惨烈。

书中如此写道：

“我又看见另一个天使在空中飞着；他有永恒的福音要向世上各国家、各部落、各民族和说各种语言的人宣布。第二个天使跟着说：‘倒塌了！大巴比伦倒塌了！因为他拿那淫荡的烈酒给万民喝。’”这个大巴比伦就是那个罪恶之城，在不到一个钟头，灰飞烟灭，那曾经与之有过肮脏交易的地上诸国诸王痛苦哀号，那些世上最有势力的商人眼见着自己的财富化为灰烬。之后大城被一块大石压到了海底永不再现。据说人们将再也见不到能工巧匠的工艺品，再也看不到丝竹管乐的歌舞升平了。

“第一个天使去了，把他那一碗倒在地上，于是有既恶且毒的疮长在那些有兽的印记和拜过兽像的人身上。”

“第二个天使把他那一碗倒在海上，海水变成了血色，海里的生物全都死了。”

“第三个天使把他那一碗倒在河流和水源里，水就变成了血。”

“第四个天使把他那一碗倒在太阳上面，使太阳可以用它的炎热烧灼人。人被炎热烧灼，却亵渎有权支配这些灾难的神。”

“第五个天使把他那一碗倒在兽的王座上，于是黑暗笼罩了兽的国度，人因痛苦而咬自己的舌头。他们因所受的痛苦和身上所受的疮而亵渎天上的神，却仍然不离弃他们邪恶的行为。”

“第六个天使把他那一碗倒在幼发拉底河上，河水就干了，为要给那些从东方来的诸王预备一条路。”

“第七个天使把他那一碗倒在空中，于是有闪电、雷鸣和可怕的地震。自从地上有人类以来，没有过这样剧烈的地震。那大城巴比伦裂为三段；各国的城市也都倒塌了。神记得它的罪恶，叫它喝上帝杯中那义愤的烈酒。所有的岛屿都不见了，所有的山岭也消失了。”

“谁敬拜那兽和兽像，在额上或手上受了印记的，就得喝上帝的烈酒，这酒是未经冲淡倒在他义愤的杯中的！他们要在圣天使和羔羊面前受烈火和硫黄的酷刑，那折磨他们的烟永远不得停地往上冒，那些敬拜那兽和兽像以及额上有它名号的印记的，日夜不得安宁。”

圣经《启示录》中描述的最终结局是：“我们的弟兄已经藉着羔羊的血和他们所宣布的真理胜过了赤龙；他们甚至愿意牺牲自己的生命。”

无可否认的是，正义将战胜邪恶，而人类最终将得到救赎。这就像是基督教中一直秉持的天启和末日审判思想一样，只有善者，才能够得到永生。只是永生是需要用历尽磨难的躯体交换而来。《启示录》中的这一场正邪之战，看似是在写天神和恶魔的战争，但若是放在预言中去理解的话，不难想象成这是对未来世界的启示。“各国的城市也都倒塌了……所有的岛屿都不见了，所有的山岭也消失了”等语句，恐怕并不是带有传奇色彩的神话故事了。

圣经密码

《圣经》中不仅有着关于末世的恐怖预言，更还存在着一种令当今所有的科学家都难以置信的“圣经密码”。

科学家们在《圣经》中发现了一种能够预示后世历史发展轨迹的密码存在，即成书于3000年前的《圣经》已经鲜明指出了后世人间的一切密码。只要破解了这个密码，人类社会的发展规律似乎就会变得有迹可循。

与所有预言的不同点在于，这一密码并不是由神职人员，或者是预言家等人提出来的，而是由代表着严谨精神的科学家提出的，因而“圣经密码”的可信度也就大大提高了。

在这部宗教圣典中，真的存在着天人连接的“密码”吗?

这一切还要从“圣经密码”的发展史来追溯。据说，第一个发现“圣经密码”的人是14世纪的一个名叫巴切莱尔的犹太教徒。巴切莱尔是个虔诚的信徒，他对于《圣经》的痴迷远超过一切事物，无论走到哪里他都会随身带着一本《圣经》。某一天，正在洗澡的他突然灵光乍现，急忙转身去翻阅身边一本希伯来文的《圣经》。当他的手指最终停留在《摩西五经》上的时候，传说中的“圣经密码”就被他偶然间发现了。

原来在这本希伯来文的摩西五经的字母里面，出现一种所谓的字母密码，例如，每隔7个字母，就有TORAH这个单词出现，摩西五经里布满了“TORAH”，而这个TORAH单词正是人们对于摩西五经的一个另外的称呼。

这也是“圣经密码”最早被人们发现时的情景。

“圣经密码”是被一位以色列的数学家破解的，当他的这份学术报告在国际期刊上发表之后，包括哈佛、耶鲁等知名大学教授在内的数学家们对其作出了一致肯定。而媒体曝光的一件新闻，更加重了“圣经密码”身上的神秘色彩。

在驻扎于阿富汗的美军部队使用的狙击步枪上，使用着一种比较特殊的战斗瞄准镜，奇妙之处不在于这种光学瞄准镜有多先进，而是在于这种瞄准镜刻印的一种特殊的编号，也就是传说的“圣经密码”。

据说，这款新的光学瞄准镜在前线士兵群体中受到了普遍欢迎。有人相信此瞄准镜可以借助于神明的力量来帮助自己，而信奉基督教的制造公司也对士兵们的想法表示完全支持。

牛顿的努力

当“圣经密码”被提出来之后，不只是在宗教界引起了一片研究热潮，更在科学界成为一种现象级的事件。在研究“圣经密码”的科学家里面，最大名鼎鼎的非牛顿莫属了。

牛顿是一个伟大的科学家和数学家，他发现了万有引力定律，并创造了微积分，对于后世科学的发展作出了非常巨大的贡献。但却少有人知道，牛顿著作的60%都是有关于神学的，并且他还是一个在宗教学和占星术方面有着深厚造诣的学者。牛顿用了一生中大部分的时间来研究“圣经密码”，他认为《圣经》不只是一个宗教中的经书，其中还暗含着对人类文明发展轨迹的探测。也正是这些“密码”，铸就了后世人类命运的变迁。

因而在晚年时期，牛顿开始致力于“圣经密码”的研究与破解。他从整本《圣经》开始着手，试图从中找到隐藏的“密码”。甚至于直到他临终前，仍在孜孜不倦地探求着《圣经》中的小细节。有传言说，牛顿其实已经解读出了很大一部分的内容，但在他死后，所有的研究成果都神秘消失了。也有人说，是牛顿在临死之前托人把自己的手稿全部焚毁了。

而在最近的调研中，有人却提出了相反的结论。此结论指出，牛顿的手稿其实并没有被完全烧掉。在当今耶路撒冷的希伯来民族文化博物馆中还残留着牛顿的一部分手稿。经研究发现，这些都是牛顿在晚年时期留下的论文。而那一时期的牛顿，已经将全部精力放在神学研究上了，因而完全可以通过简单的推论得出这些论文全都是有关于神学研究的结论。

再仔细看论文的内容就会发现，牛顿在论文中正在试图用十分复杂的计算公式来推算并破译“圣经密码”。在这套复杂的公式背后，在最后一张字迹潦草的纸上赫然写着2060年。如果牛顿的计算没有出错的话，他从“圣经密码”中推断出来的世界末日应该是定在2060年。

同时，牛顿还预言，世界末日将会随着瘟疫和战争而来，圣人将会再次降临地球，而他本是历史上的圣人之一。

在2060年到来之前，没有人敢判断牛顿得出来的这一结论究竟是否正确。而今天大家公认的唯一一件事情是，牛顿预言中的圣人虽然不知道是谁，但他已然成为历史中的圣人之一。

美国曾有人同样痴迷于“圣经密码”，当他把牛顿的名字“Newton”放在万有引力“Gravity”这个单词旁边的时候，神奇的化学反应出现了。这两个词组刚一接触到，旁边就出现了另一组词“Bible Code Newton”，意为“圣经密码牛顿”。这是不是意味着，牛顿发现万有引力也是从“圣经密码”中寻到的结论呢？或者说，牛顿对《圣经》的研究，早就被“圣经密码”计算在内了。

如此神奇的事情，在历史的长河中，并不是单独的案例。

编排好的后世伟人

有关于“圣经密码”的研究，几百年来一直没有终止过。

直到20世纪80年代，对“圣经密码”的研究才终于取得一项重大成就。以色列希伯来大学的数学家利普斯和物理学家韦斯特姆利用一套精密的数学运算模式，从《圣经》里提到的摩西从上帝手中接过《圣经》一书的传说中寻到了“字字相连，无一中断”的概念，于是他们便把希伯来文的《圣经》中所有字间全都去除掉，于是就连贯出一个304805个字母组成的单词。然后再用计算机采取跳跃读码的方式，在这个字符串里面去寻找和名字、地名等一切有关的信息，结果得出了一个惊人的结论。

科学家发现，他们最终寻找出来的名字竟然是自从《圣经》问世以来最知名的32个伟人的出生和死亡日期，这些内容全都巧妙地编纂进了《创世纪》中。也就是说，这些后世伟人的出现，也都被“圣经密码”成功计算在内了。

这个结论一发表，就引起了全世界范围内的轩然大波。后经过耶鲁大学、哈佛大学、希伯来大学多名数学家验证，他们用更为严格的数学方式进行了分析之后发现，如果说这些伟人的生辰和《圣经》中的内容完全是巧合的话，那么这个巧合的概率就只有二十五亿分之一。后又经过一些测试，发现巧合更是降低到了五万亿亿分之一。

这也就证明，之前两位科学家计算的方式是绝对正确的，而“圣经密码”中出现伟人生辰的日期基本可以把巧合之说排除在外。因而，《圣经》一书便又被蒙上了一层神秘色彩。

这一结论在杂志上发表之后，引起了众多媒体人的关注。十几年之后，《华盛顿邮报》的记者多罗宁写成了一本《圣经密码》，此书倾尽了篇幅来讲述《圣经》中的各种预言和难解密码。作者多罗宁历时7年的时间深入调查采访，最终通过既有的“圣经密码”他找出了一个词组，“Year of Bible Code Revealed 1997”，意思是说，“圣经密码”将会在1997年被完全解释出来。

而巧合的是，多罗宁的这本书正好是在1997年出版，这难免不会让人想到那个词组有可能只是吸引人的噱头。

而多罗宁在书中还大胆提出预言说，2000年到2006年将会是世界末日带来的一系列大灾难。虽然《圣经密码》这本书成功地登上了畅销书排行榜，但却遭到了众多科学家的反对，这些人中甚至还包括“圣经密码”的发现人之一利普斯。利普斯向一家报纸宣称：“我本人并不支持多罗宁对‘圣经密码’的见解，凡是从摩西五经中撷取信息或以其为预言的根据，是无益和没有价值的。”

然而，作者多罗宁却极力坚持自己对“圣经密码”的理解和看法，他说，“圣经密码”是要告诉人们究竟什么事情有可能发生，而不是什么事情一定会发生。他甚至认为，即便“圣经密码”预言了世界末日，它也应该是有益的，因为人们只有认识到了末日后，才能懂得珍惜和保护自己的家园。

从这一层意思上来说，“圣经密码”中的每一个字句都足以作为人类警戒自我的标准。

多罗宁的“圣经密码”

鉴于《圣经》的巨大影响力，“圣经密码”刚刚被发现，就被人们赋予了神秘的宗教神话色彩。更何况，在预言家的解读下，尤其是后世历史的许多重大转变和变革都如同“圣经密码”曾经预言的内容一样，因而人们自然就对这一神秘的“密码”多了几分猜测。

在被“圣经密码”预言中的所有事情中，不仅包括历史发展的轨迹，更包含不少地震、泥石流等自然灾害，甚至还有谋杀、恐怖袭击等人为灾祸，基于此，“圣经密码”才值得人们不断地去研究破译。

而《圣经密码》一书的作者多罗宁则认为，在3000年的时间里，人们一直没有破解“圣经密码”。然而，借助于计算机的力量，这个“密码”已经被揭开了神秘面纱。多罗宁说，根据“圣经密码”的指示，人类完全可以对未来尚没有发生的事情做出大胆推测。多罗宁自称根据“圣经密码”对未来的预示，他成功地预测到了以色列总理拉宾遇刺的消息。

而多罗宁曾不止一次地提到，他解释“圣经密码”的方法是经过许多专家验证过的，并且也得到了专业期刊的承认。但当下最常见的“圣经密码”公认是来自于《创世纪》篇章中的，多罗宁在向多位数学家求教之后，又声称自己从《摩西五经》中也找到了隐藏的“圣经密码”。他说自己不仅从中看到了以色列总理遇刺的预言，更看到了美国肯尼迪和林肯两位总统，以及印度总理甘地遇刺的事件，日本神户、美国旧金山的大地震、世界末日与广岛原子弹轰炸等大事件。现在看来，这些都是已经发生的史实，但在《圣经》成书的时候，这一切对普通人来说都是不可知的未来。

许多人依旧对多罗宁的言论表示怀疑，许多预言的业余爱好者还发现，多罗宁所用的方法和以色列专家利普斯等人在那篇知名的论文所用的方法相比，相当不严密。他们由此推论出，多罗宁所有自称是根据“圣经密码”得出的预言，其实在很大程度上有着牵强附会的嫌疑，这更像是事后故意向其靠拢，而不是事情没有发生前的准确预测。

这些爱好者也发表言论声称，按照多罗宁所谓的破译方法，几乎在任何一本书里都能够找到相似的“密码”。面对批评，多罗宁也展开了反击，他在一次采访中透露说：“假如我的批评者，能够在《白鲸记》里，找到某位总理被刺杀的密码讯息，那么我就会相信他们。”

这已经是很明显的挑衅了。然而很不幸，澳大利亚的一位数学教授马克尅接受这个挑战，他按照多罗宁的方法在《白鲸记》中找到了前印度总理甘地被刺的讯息。

至此，多罗宁和他的“圣经密码”的传奇才算是落下帷幕。而他曾公开声称“圣经密码”在1997年会被完全破译，至此看来，更像是一句蒙蔽所有人眼球来为自己的书做的一句广告语。

一场恐怖天启

天启，称为末日审判，在基督教中意味着上帝把这一天选定为自己的审判日，他要用一系列的手段淘汰那些信仰不虔诚的人们，只有上帝忠实的信徒才能够通过审判，进而进入一个全新世界。

天启一词出自《启示录》，圣·约翰在这个章节中写道，他鲜明地预见了世界末日。上帝交给他一个卷轴，上面有七个封印，他打不开，他见一只羔羊（耶稣）将打开封印引发大审判。原文如下：

我看见羔羊揭开七印中第一印的时候，就听见四活物中的一个活物，声音如雷，说：你来！

我就观看，见有一匹白马；骑在马上的，拿着弓，并有冠冕赐给他。他便出来，胜了又要胜。

揭开第二印的时候，我听见第二个活物说：你来。

就另有一匹马出来，是红的，有权柄给了那骑马的，可以从地上夺去太平，使人彼此相杀；又有一把大刀赐给他。

揭开第三印的时候，我听见第三个活物说：你来！我就观看，见有一匹黑马；骑在马上的，手里拿着天平。

我听见在四活物中似乎有声音说：一钱银子买一升麦子，一钱银子买三升大麦；油和酒不可糟蹋。

揭开第四印的时候，我听见第四个活物说：你来！

我就观看，见有一匹灰色马；骑在马上的，名字叫作死，阴府也随着他；有权柄赐给他们，可以用刀剑、饥荒、瘟疫（或作：死亡）、野兽，杀害地上四分之一的人。

揭开第五印的时候，我看见在祭坛底下，有为上帝的道、并为作见证被杀之人的灵魂，大声喊着说：圣洁真实的主啊，你不审判住在地上的人，给我们伸流血的冤，要等到几时呢？

于是有白衣赐给他们各人；又有话对他们说，还要安息片时，等着一同作仆人的和他们的弟兄也像他们被杀，满足了数目。

揭开第六印的时候，我又看见地大震动，日头变黑像毛布，满月变红像血，天上的星辰坠落于地，如同无花果树被大风摇动，落下未熟的果子一样。

天就挪移，好像书卷被卷起来；山岭海岛都被挪移离开本位。

地上的君王、臣宰、将军、富户、壮士和一切为奴的、自主的，都藏在山洞和岩石穴里，向山和岩石说："倒在我们身上吧！把我们藏起来，躲避坐宝座者的面目和羔羊的忿怒；因为他们忿怒的大日到了，谁能站得住呢?"

这六个封印逐一打开，就像是逐个打开潘多拉的盒子一样，人类的世界将要遭受末日般的煎熬。

在诸种圣经预言之中，末世预言是非常普遍的，即使是在圣经的原文中，尤其是在旧约《但以理书》和新约《启示录》都预言空前大恐怖，人类的末日将会在不久之后的一天到达期限。

《启示录》中预言，世界末日来临时的一场规模巨大、空前惨烈的人类大劫难。书中描述了一场由一个被称做"羔羊"的人——借指上帝——和他的信众与被称作"兽"的势力之间所发生的激烈较量。由于许多人都受到了"兽"的迷惑，助纣为虐，犯下了大罪，所以人类会经历巨大的灾难。

在这一场浩劫中，地球上爆发了空前规模的火灾、地震、蝗虫、瘟疫等。就像是所有故事的最终结局一样，被称之为"羔羊"的上帝和他的信徒们最终取得胜利，达到了惩恶扬善的目的。很多人只是把《启示录》里的章节当做神话故事随便一读，却从来没有想过这或许正是上帝对于这个物欲横流的世界的一种警告。

那么，"圣经密码"就是这种警告的具体表现，"圣经密码"预言的后世诸多具体的事情，正是最好的例证。

据传，牛顿曾试图烧毁的那份手稿便是对"圣经密码"的最好注解，而牛顿也成为研究"圣经密码"的最早科学家之一。

在牛顿的一生中，他花费了大约 50 年的时间写下了 4500 页研究手稿，试图预言世界末日何日到来，但是一直以来牛顿对于"圣经密码"

的解读都不为人知。在后世的科学家利普斯借助于计算机的辅助力量成功破译了部分“圣经密码”之后，他们从重新拼凑起来的单词中“希特勒”、“大屠杀”；“毕加索”、“艺术家”；“爱因斯坦”等词语，而这些预言都与几百年前牛顿焚烧的手稿中写下的预言不谋而合。

虽然牛顿的这份预言手稿已经在耶路撒冷展出，但许多学者和专家还是对“圣经密码”存在着怀疑的态度。他们认为，当今流传的《圣经》版本和古抄本之间有着很大的区别，甚至连句读都不一样了。而且所解码的希伯来文《圣经》，只有辅音字母，没有元音字母。因此它完全不值得相信。他们认为当今借助电脑解读“圣经密码”只是一种断章取义的行为，丝毫没有科学性可言。

牛顿科学家的身份，严重阻碍了后世人们对他神学家身份的认同。黑格尔曾说：“行伟大之思者，必有伟大之误。”这句话成为世人攻击牛顿研究成果的最得力武器，他们认为牛顿的末日预言只是一个“伟大的错误”而已，丝毫没有可信性。

上帝究竟是什么样的意图，徒留愚蠢的凡人们各自猜测，他却始终未露真容。

《圣经》与预言

把《圣经》当成一本预言集来看，就免不了要去追究那些曾经被《圣经》命中的预言。《圣经》中的很多预言，记载了将来要发生的事，但《旧约》里记载的预言在《新约》里都得到了应验。

以耶稣的降生为例，在《旧约》中至少有七处讲到了这一历史性的时刻，已经提到耶稣在世上将会遭受到的磨难。

第一处提到，神说：“我又要叫你和女人彼此为仇，你的后裔和女人的后裔，也彼此为仇。女人的后裔要伤你的头，你要伤他的脚跟。”当时，和神正在说话的是一条蛇。在基督教中，蛇代表着撒旦，而耶稣便是神所指的“女人的后裔”。耶稣在以十字架为代表的基督教方面的成就，将会和以撒旦为代表的魔鬼展开世世代代的仇恨之战。

第二处提到，神还要为人类得到救赎而做好准备。耶稣基督是亚伯拉罕的后裔，神曾经应许亚伯拉罕说：“万族都要因你得福。”而在《新约》中，圣徒保罗则说：“所应许的原是向亚伯拉罕和他子孙说的。神并不是说众子孙，指着许多人，乃是说你那一个子孙，指着一个人，就是基督。”以当下的观点来看，耶稣能够有如此高的宗教地位，很明显是受到了上帝光辉的遮盖。

第三处提到，童女怀孕。《圣经》中提到：“因此，主自己要给你们一个兆头，必有童女怀孕生子，给他起名叫以马内利。”这也便是耶稣的母亲玛利亚未婚先孕的事情。

第四处提到了耶稣降生的地方。《圣经》原文是这样写的：“伯利恒以法他啊，你在犹大诸城中为小。将来必有一位从你那里出来，在以色列中为我作掌权的。他的根源从亘古，从太初就有。”而耶稣最后降生的地方，正是伯利恒。

第五处，则讲到了耶稣被犹大以三十块钱的代价给出卖的悲剧。《圣经》记载：“我对他们说，你们若以为美，就给我工价，不然，就罢了。于是他们给了三十块钱，作为我的工价。耶和华吩咐我说，要把众人所估定美好的价值，丢给窑户。我便将这三十块钱在耶和华的殿中，丢给窑户了。”这段话中的“我”，便是犹大形象的映射；那“众人所估定美好的价值”，除了代表着神的思想的耶稣之外，别无他选。这一段，正是在描写犹大出卖耶稣基督的事情。

第六处，提到了耶稣被钉在十字架上的情况。《旧约》中写道：

“犬类围着我，恶党环绕我，他们扎了我的手、我的脚。我的骨头，我都能数过，他们瞪着眼看我。”很明显，这里的“我”完全可以理解成耶稣本人。耶稣在被钉在十字架上的时候，他的手脚和肋骨都受到了严重伤害，这已经成为不争的事实。

第七处，发生在耶稣被钉在十字架上之后，《圣经》中鲜明地提到耶稣的一根骨头也不曾折断。上帝曾要求他的选民们献祭一只羔羊，但羔羊的骨头一根也不能够折断。而在充满了罪恶的国度里，耶稣正是替无知的人们背起了所有的罪过，他就像那只被“献祭的羔羊”一般，代替所有人赎了罪过。只是在《圣经》中记载，本来兵丁要把钉十字架者的腿打断，使他们早点断气，但轮到耶稣时，发现他已死去，便没有打断他的腿骨。这便是前后相呼应的结局。

《圣经》中除了有大量的篇幅提到耶稣的事迹和有关他的种种预言之外，还有大量的预言内容和后世的历史发展相吻合。

如在《旧约》中提到：“我要将他们分散在列国，四散在列邦，按他们的行动作为惩罚他们。”作为上帝选民的犹太人，因为信仰的不虔诚而四散在世界各地。之后，书中又写道：“我必从各国收取你们，从列邦聚集你们，引导你们归回本地。”1948年，以色列重新建国，这应该是对《圣经》预言的最好验证。

此外，最让所有人感到恐怖的末日预言，《圣经》也提到了各种迹象。

第一个迹象便是战争。《圣经》中写道：“你们也要听见打仗和打仗的风声”，这不仅是在指打仗的国度，更是在提醒其他人要听到“打仗的风声”，是要自保还是出面止戈，全都凭人们自己去作决定。

第二个迹象是内战。《圣经》中写道：“民要攻打民，国要攻打国。”这一句话，在当今世界上最为应验。民族内部的攻讦，已经成为最为严重的内政问题，世界各国均无例外。

第三个迹象是天灾。《圣经》中写道："多处必有饥荒和地震。"现如今，非洲地区和印度地区经常出现成片饥荒，地震现象更是频频发生，很难说明这些都不是末日的前兆。

第四个迹象是基督徒被迫害。《圣经》中写道："那时，人要把你们陷在患难里，也要杀害你们。你们又要为我的名，被万民恨恶。"因为信仰不同的原因，彼此之间便会起争执以至于迫害基督徒。这在人类历史上已经不算是什么新闻了，尤其是以犹太人被迫害的惨案为血的教训。

第五个迹象是道德沦陷。《圣经》中写道："只因不法的事增多，许多人的爱心才渐渐冷淡了。""那时人要专顾自己，贪爱钱财、自夸、狂傲……"只因人们丧失了自己的道德底线，才让整个社会秩序陷于崩塌，在逐渐放弃了信仰之后，更放弃了自己所能把握住的未来。

第六个迹象则是旅游业的兴盛和知识大爆炸。《圣经》中写道："但以理啊，你要隐藏这话，封闭这书。直到末世，必有多人来往奔跑，知识就必增长。"这里把人类文明的增长和知识爆炸当成世界末日的前兆来书写，恰和当年当地害怕人类铸造的通天塔危及自身的安危有着异曲同工之妙。

或许也正是因为这个原因，作为最不可思议的末日迹象，同时却也有可能是最终导致人类文明走向覆灭的根源。科技的失控所带来的灾难，好莱坞的各种科幻大片早已经用尽口舌来向我们展示。或许，这就是《圣经》中对人类最后的预言。

人们可以偏执地认为这一切都只是《圣经》自圆其说的一种方式，因而真正能不能够把《圣经》看成预言书，真正的重点要放在《新约》中的预言部分上。

耶稣再临人世间

流传于西方的各种预言中，最常见的类型便是世界末日。《圣经》中把这样的劫难称之为“天启”。而所有的末日审判，最终的目的都不是要把人间变成地狱，而是要以上帝的名义对人类重新进行选择，剔除糟粕。执行上帝审判的人，从来没有被指出过是谁，但预言中却从来不乏拯救世人的神者出现，这个人便是耶稣。

耶稣是基督教里的核心人物，在基督教里被认为是犹太《旧约》里所指的救世主，即弥赛亚，他是神子和神的转世。耶稣在传教中经常宣扬如何才能够进入天国，他是作为人类的拯救者的角色出现的。但根据福音书记载，在耶路撒冷的犹太祭司压力下，耶稣被古罗马犹太行省执政官彼拉多判处在十字架上钉死，并且死后复活升入天国。

而在末日预言中，当人类面临大的劫难的时候，上帝并不会把他的所有作品都毁掉，耶稣正是上帝派来人间甄选信徒的使者。因而，人们相信，末日之前耶稣一定会再一次降临人间，以拯救苍生。

但在历史上破产的各种预言中，曾多次出现过耶稣再临的预言，且耶稣降临世间的方式也千奇百怪。只是到目前为止，这些预言尚还没有一个变成现实。

1.《马太福音》中有一段引自耶稣的话非常有趣，它是这么说的：“我老实对你说，这里站立着的一些人应该没有体验过死亡的滋味，直到他们看到来自其王国的‘圣子’。”这明显暗示着末日审判会发生在这些人的一生当中。《启示录》也曾暗示一个更加逼近的最后审判日的到来：“我很快就来了，我的报答就是根据每一个人的工作把我赏给他们。”这个预言很明显是个重口味的，第一段话有着死亡的意味，而第二段话若是仔细琢磨起来则更像是古代的凌迟之刑，着实过于血腥。

2. 公元2世纪的时候，孟他努教教徒们纷纷认为耶稣基督即将重返人间，并在土耳其中部的安纳托利亚建立了一个基地，以在此一起等待世界末日的到来。这样的预言，在后世的各种预言中并不新鲜，但能够让所有的教徒都把此预言当成一件必定会发生的事情来看待，这足以说明了这位宗教领袖强大的演说和洗脑能力。

3. 1814年12月25日，英国德文郡一位名叫乔安娜·苏斯考特的女人自称是先知，并断言自己将是新耶稣之母。她还声称，自己将会在1814年圣诞节那天分娩。然而，最具有讽刺意味的是，她到60多岁都是处女之身，她仍然相信自己一定会成为新耶稣之母，因为圣母玛利亚在诞生耶稣的时候也是个处女之身。尽管听起来像是一派胡言，可还是有许多人非常相信苏斯考特。

甚至到1927年的时候还有人在相信她的连篇鬼话。当时有人当着主教的面打开一个神秘的密封盒子，据苏斯考特留下的遗言说，在这个盒子里面留有一条重要的信息。然而，等盒子打开之后，里面留着的内容却让所有人大吃一惊。这不是什么惊世预言，而是一张彩票。

4. 1847年8月7日，德国曾出现一支很小且被遗忘的邪教组织——和声学教，其教父乔治·拉普坚信耶稣会在他死前重返人世。直到生命的最后一刻，拉普也未曾动摇过这种信念。他说：“我不知道尊敬的上帝是让我见到耶稣呢还是让我生命的最后一刻到来。”结果是后者应验了。

耶稣是唯一一个自己决定要来到世间的人，也是极少数甘愿受死的人。耶稣曾经说过，他降世的唯一目的就是为人类而死：“人子来……要舍命，作多人的赎价。”每年的圣诞节、复活节都是以耶稣为主角的，前者是庆贺耶稣的出生，后者则为纪念耶稣从死里复活。

《圣经》中记载，耶稣虽然像犯人一样被钉十字架，他死并不是因为他有罪，而是要按上帝的计划替世人赎罪。现在他从死里复活，表示他为人类赎罪的行为获得了成功。任何人只要信靠他，向他认罪，就可得上帝赦免。而耶稣的复活，代表他胜过了死亡，所以凡是信靠他的人，都有永生，就是可以永远和耶稣在一起。复活确实令人有些费解和惊喜。人人都不免一死，但从来没有听过人能胜过死亡。若耶稣真的可以从死里复活，那在未来的某个时间点其重新降临人世间的可能性并不是不存在。

可这个时间点究竟被定在什么地方，恐怕所有的预言都只是一种猜测，在没有发生之前，任何定论都是带有预言者严重的主观臆想，值得相信的程度将会被打上巨大的问号。

关于信仰和灭亡

在西方宗教中，巴比伦永远都是一道绕不过去的坎儿。

先知以赛亚曾经向巴比伦发预言说："巴比伦素来为列国的荣耀，为迦勒底人所矜夸的华美，必像神所倾覆的所多玛蛾摩拉一样。其内必永无人烟，世世代代无人居住；阿拉伯人也不在那里支搭帐篷；牧羊的人也不使羊群卧在那里。只有旷野的走兽卧在那里；咆哮的兽满了房屋；驼鸟住在那里；野山羊在那里跳舞。豺狼必在它宫中呼号；野狗必在它华美殿内吼叫；巴比伦受罚的时候临近，它的日子必不长久。"

很明显，这是对巴比伦衰亡的预言。2000 多年前的巴比伦，正处于最兴盛的时候，没有人会相信仅仅凭借一个先知的预言，就会毁掉这么一个繁荣的国度。然而，人们认为最不可能发生的情况，却在现实中奇妙地应验了。

古文明巴比伦究竟是如何灭亡的呢?

历史记载，住在巴比伦北面的亚述人十分强悍。公元前8世纪，亚述成为一个庞大的军事帝国。巴比伦被它征服了，叙利亚、腓尼基、巴勒斯坦、小亚细亚、埃及，也都先后归入它的版图。除了希腊和意大利，地中海沿岸几乎都被它占领了。亚述的首都叫尼尼微，那里修建了许多宏伟的宫殿。

公元前612年，居住在巴比伦的迦勒底人联合东边的米堤亚人进攻亚达。他们手执带血的长矛和盾牌冲进了尼尼微。全城居民遭到屠杀，甚至连儿童也不能幸免。亚述最后一代国王辛沙立希孔和他的宫殿一起被烧成灰烬。从此，这个庞大帝国连同它的首都就从地面上消失了。

而在所有有关巴比伦最终消亡的原因推测中，起最根本作用的必定是内人。据说，当时的巴比伦民众中淫乱现象十分严重，社会风气日渐恶化，这个庞大的古文明最终因为自身的堕落而衰亡。

也就是说，人们最终放弃了自己的信仰，才导致道德沦丧。不可思议的事情是，《圣经》中提到的“神”竟然提前预知到这一点，而假借先知之口说出了恐怖的灭亡预言。

和巴比伦衰亡的预言相似，在一则2500多年前的预言中，神借先知以西结之口说:“所以主耶和华如此说，推罗啊，我必与你为敌……他们必破坏推罗的墙垣，拆毁它的城楼；我也要刮净尘土，使它成为净光的磐石。它必在海中作晒网的地方。”“将你的石头木头尘土都抛在水中。……你不得再被建造，因为这是主耶和华说的。”

推罗本来是一古代有名的城市，那里居住的人原来都是腓尼基人。腓尼基人在航海、经商和探险等方面，都有着超越常人的成就。推罗的城墙建筑得很坚固，因为其位置在地中海东岸，占军事上的重要地位，所以腓尼基人有着很强的自我防卫意识。

在它正强盛的时候，所有的腓尼基人都相信推罗城也必定会永远存在下去的时候，神却看到了推罗的罪大恶极，于是就借先知以西结发出预言，要刑罚他们。这一个预言刚刚从先知口中传播出去，巴比伦就在公元前 587 年出兵围困了推罗。后来两个国家经历了长达 13 年的争斗，巴比伦的军队最终才攻入推罗城。

但推罗国王早就预先把他的财宝搬运到一个海岛上，巴比伦军队在进城之后根本就没有得到什么有价值的东西，愤恨交加的他们把这城市完全拆毁了。到这里为止，先知所做的预言中“拆毁它的城垣”这一部分完全得到了应验。

而之后城市中荒凉的场景和不得再被建造的预言，却还没有应验。并且，已经没有人认为这段预言再有实现的可能了。毕竟，侵略军没有做下的事情，还有谁还会去注意一个荒城中的废墟，甚至还要如此强暴地来破坏它以使它不能再生呢?

推罗城的废墟，一直巍巍屹立了 240 年。

此时，亚历山大王的名声开始崛起。此前已经被毁灭的推罗城在海岛上重新建立起自己的城池，但很不幸，他们再次被亚历山大给盯上了。当亚历山大来到城下后，推罗人并不肯投降，坐井观天的他们以为城池建造在小岛上，敌人必定不能渡过急水来到岛上攻城。这便是最好的天堑。

但亚历山大早已经下了攻城的命令。他把被毁掉的老城中的“木”、“土”、“石”抛在海里，修了一条约有 200 尺宽的大路直通到岛上，此后他便通过这条人造的通道对推罗城展开了进攻。如此一来，预言中提到的石头、木头都要被抛在海中的话便得到应验。

而最末一段的预言提到的“使它成为净光的磐石……作晒网的地方……不得再被建造”等似乎还没有应验。又经过了若干年的时间，当年亚历山大修路时抛进池塘里的泥土都被雨水冲洗干净，不久就显出石头地，后来海边的打鱼人竟然在那里开始晒起鱼网。

此地自此之后终于变成了只是打鱼人休息和劳作的地方了，而再也不是恢弘一时的城池。

两个城市的覆灭，都在《圣经》中被准确预言了出来。这恰似是一场有关于信仰和灭亡的故事，只是这种故事在当今以及未来还会不会上演，不到最终的时刻，人们永远都得不到答案。

尚未实现的预言

没有《圣经》的启示，人类对于逝去的漫长岁月将无可稽考，所剩下便只是那些无凭无据的猜想和荒诞不经的传说了。《圣经》不仅忠实准确地记载了从世界受造之初的历史，而且还将未来永恒世界的奇妙展示给世人。

信仰基督教的人，对《圣经》所言必定深信不疑，甚至有许多人穷尽了一生的精力去研究《圣经》中的各种预言，以此来让自己成为一名预言家。威廉·米勒就是其中一位，可惜的是他的预言并没有成为事实。

米勒只是一个农夫，但正是因为他的聪明好学而在牧师的引导下学会识字，他所接触到的教材便是《圣经》。基于这个原因，《圣经》对他来说有着非凡的意义。后来，他也变成了一个牧师，开始向人们布道，讲解《圣经》中神的旨意。然而，对这部经典越是熟知，他也就越发现其中的奥秘。尤其是《旧约》里提到的种种迹象在《新约》中都得到了应验，而《新约》中提到的迹象，也有很大一部分已经在现实生活中实现。

于是，米勒就突发奇想，他认为在《圣经》中一定提到了世界末日的存在。为了证明自己的猜想，他把自己关在房间里苦苦研究。几个月不出门之后，他终于发现了上帝敲定的毁灭地球的时间。他说，这一天应该是1843年3月21日至1844年5月21日的某一天。

米勒便把自己的结论印制成各种小册子开始广泛宣传，后来又经过米勒追随者的推论，这个重大的日子就定在了1843年4月23日。追随者们纷纷变卖自己的家产而同米勒一起守候着世界末日的到来。他们聚集在教堂中，期望能够得到上帝的恩惠。然而，1843年4月23日跟每个普通的日子一样到来了。尽管他们怀着忐忑的心情，但这一天却和平时没有什么两样。

失败的预言让米勒名誉扫地，然而却让更多人开始投入研究《圣经》以及预言的行列中来。后来者都相信，这次失败的预言只是米勒个人的误读，并不能说明《圣经》中的预言是不存在的。每个人都想成为第一个解开《圣经》预言的人，人们似乎开始乐此不疲地想要寻到世界末日的迹象。

其实，在全本《圣经》中，预言的数目可以达到千条之多，而其中绝大多数已按其所预言的时间与地点而准确应验了。如许多国家的兴亡更替，这些早就在有文字可查寻的历史发生之前，《圣经》就做到了准确的预言。这已经完全超乎常人的智识了，而耶稣基督曾和蔼地道出了上帝发预言的目的。他说："现在事情还没有成就，我预先告诉你们，叫你们到事情成就的时候，就可以信。"

由此推断，《圣经》中所做的预言，反倒更像是上帝和人们开的一个玩笑，他只是用预言来向世人证明自己的值得信仰。

而在《圣经》中最知名的预言中，尚有还未实现的预言，依旧在一步步煎熬着人们信仰的力量。这些预言包括：

第一，敌基督的出现。《圣经》中提到，世界上将会出现一个和基督作对的人，他将会抵挡主，高抬自己。

第二，耶稣的再临。这已经不再是个新鲜的预言了，但在《圣经》中出现，确实是所有此类预言的最原始版本。《圣经》中提到，耶稣说，在末世你们“要看见人子，有能力，有大荣耀，驾着天上的云降临。他要差遣使者，用号角的大声，将他的选民，从四方，从天这边，到天那边，都召聚了来”。

第三，信仰者最终被拯救。《圣经》中提到：“我们这活着还存留的人，必和他们一同被提到云里，在空中与主相遇。”当主再来时，基督徒必能与主相遇。这恰是人们在天启之前所能想到的景象，信仰者得拯救，这是上帝甄选的过程，也是末日开启的前兆。

第四，地上有大灾难。毫无疑问，这便是最后预言的结局了，一场灾难后，便是众人恐怖已久的世界末日。

因为相信当下的世界已经腐坏到极致的时候，必定会招致上帝的审判，因而在天启之前，耶稣基督便会再一次从天国来到人间，《圣经》中提到：“天上的神必另立一国，永不败坏，却要打碎那一切国，这国必存到永远。”他是在甄选那些真正属于上帝的子民，从而加以拯救。

只是类似的预言已经被所谓的先知们做出了许多次，迄今为止尚没有成功的定论。尽管《圣经》有着庞大的阅读基础和宗教基础，但在这一天还没有到来之前，任何预言都不具备有足够的说服力。因而，对于这些尚未实现的预言，人们除了多出一份虔诚之心外，别无其他选择可循。

我们所能够做的唯一事情，便是等待！

第五章
传说中的《智慧之书》

狮身人面像的启迪

在埃及的沙漠中，巍然矗立的狮身人面像一直让人们感到惊奇。瞻仰者在赞叹之余，都会思考同一个问题：古埃及人为什么要建造这种人头、狮身、牛尾、鹫翅的合体怪兽呢？就像是许多人认为金字塔是地球人和外星人之间连接的信号一样，狮身人面像有着什么样的特殊意义呢？

狮身人面像被称之为“斯芬克斯”，它们无一例外地均为人兽合体，尽管在表达方式上不尽相同，但是都是由人、狮、牛、鹰共同组成。这些怪兽遍布古埃及遗迹的各个角落，从墓地、石碑、雕塑、器皿、装饰、绘画等，凡是能够想到的艺术形式，都能够寻到它们的踪影。

类似的人兽合体的怪物，并非只有埃及存在，在南美落基山、在大和民族繁衍生息的日本岛，均能够看到相仿的“斯芬克斯现象”。据当地传言，这些兽都具有着某种神力，在特殊的时候能够拯救万民于水火之中。

因而，可以推断出一个结论便是，在古代社会中，是否真的有一种智慧生物存在着。在时空交接的某个能量点上，他们会向世人显出真身。在金字塔中发现的经文，或许可以解开这些狮身人面像的秘密。这部经文叫做《梅路西》，其是《圣经·旧约》的一个原始副本，一般流传在公元3世纪的欧洲。经文中记载：“人们看见有千只生物在空中打斗，它们有着狮身、人头、牛尾、鹫翅。那些奇特的生物偷走了伊凡卡天神护佑万物的《智慧之书》，惹恼了伊凡天神。于是，他命自己的儿子伏加天神夺回圣书。双方在迪拜进行决斗，伏加天神终于胜利，夺回了圣书。那只怪物被贬下凡间，隐藏在森林海外，专找那些不善思考的人，把他们吃掉。据传，那本圣书后来又被偷走，藏在狮子座的附近。”

这段记载，把众人的思路引向了另一条道路，人们似乎不再关心狮身人面像的起源，而全都开始关注起那本能够庇佑万物的《智慧之书》。而在记载的最后一句写道，《智慧之书》就藏在狮子座附近，能够得到《智慧之书》，有关于狮身人面像的谜团也自然会被解开。

最终，经过一番搜索之后，人们在狮身人面像附近发现了一个地洞，在地洞里躺着一本羊皮卷的手稿。手稿是用拉丁文写就的，大约成书于公元前 8 世纪，作者的署名是丹尼斯。

这本书究竟是不是传说中的《智慧之书》，当时的人们并不敢妄下定论。毕竟，古拉丁文早已经几近失传，想要解读这本羊皮卷就显得颇为费事。但从学者们费力解读出来的部分章节来看，这本书竟然是一本预言书，其中提到的内容一直可以延续到公元 1999 年。

诺查丹玛斯曾经在《诸世纪》中做出过一个伟大的预言，他说在 1999 年 7 月的某一天，狮子座、天秤座、天蝎座、金牛座交会成一个恐怖的大十字时，人类的历史即将宣告结束。而同样的预言，也在这部羊皮卷里面出现了。其是这样写的：狮身人面像其实就是这四个星座的合体。狮子对应着狮子座，象征着权力，代表一个社会的政治；人头对应着天秤座，象征着精神，代表一个社会的宗教；鹫翅对应着天蝎座。在古代，天蝎座又被称为天鹰座，它象征着智慧，代表一个社会的科技；牛尾对应着金牛座，象征富有，代表一个社会的经济。

政治、宗教、科技、经济是构成人类社会的四大支柱，很显然，如果这四根支柱动摇了，整个人类社会也将会走进崩溃的时代。

在丹尼斯的羊皮卷里面，形象地把狮身人面像的各个肢体部分进行了现实意义中的划分，这似乎是在警告后世子孙应该遵从着基本的定律。而更让人感到惊奇的是，有人提出了一个推论认为狮身人面像并非建造于古埃及的第三王朝，而是在整个北非大陆尚属一片绿洲的一万年前。

至此，便有两个疑问被抛了出来：狮身人面像到底象征着什么？丹尼斯又究竟是何许人也？

唯一可以解释清楚的推论是：丹尼斯或许是一个酷爱追寻真理的预言家，只是在他发现了惊天秘密之后，不得已把所知道的内容写就在羊皮卷上藏在狮身人面像的附近，希望自己的所有努力将来能够得见天日，造福后人。

然而最令人遗憾的事情是，人们对于斯芬克斯的研究一直没有太大的进展，这也就阻挡了丹尼斯许多预言被破译的可能性。这一切，一直到一个神秘的宗教团体——拜火教会——被世人得知，蒙在狮身人面像和丹尼斯身上的神秘面纱才逐渐揭开。

离奇拜火教会

在古波斯帝国广袤的版图上，曾经存在着一个极为神秘的宗教团体，人们称之为“拜火教”。但因为关于此教会事迹的资料流传下来的极少，人们对于“拜火教会”的所有推断都无法完全肯定。当下人们所能够做到的，也只能够从历史文献中捕风捉影。

拜火教的主宰是一只狮头人身、长有双翅的奇特生物。相传，这个怪物原本是一个凡人，在经过千年修炼之后而成为了神，它具备让死者复活的力量，并且在众民最需要的时候还会挺身而出救人于水火之中。教徒们都相信它是受到神的旨意而来到人间的，它的任务是帮助人世间受苦受难的人能够顺利地返回到天庭中去。

这是一段具有神话色彩的传说，但拜火教会中确实存在着一种十分古怪的仪式，其被称之为“梅尔卡巴”，教徒们相信只有经历过梅尔卡巴的洗礼之后，才能够真正超脱而上升为神。信徒们也全都明白，并不是每一个经受过梅尔卡巴洗礼的人都能够最终达到神的阶段，他们有不少人最后还是默默地消逝在尘世间，但后来者依旧乐此不疲。

这一秘密的宗教仪式一直在拜火教中流传着，从来没有因为先人的死去而阻断后人渴求洗礼的愿望。

拜火教的主宰，即狮头人身的怪物，同时还代表着日、月、土三种具有神迹的物质。在拜火教中，这三者也正是每一个教徒自身修炼所要经过的三个阶段。在最初的阶段，可以看见土（鹰），而后可看见月（牛），再后可看见日（狮），再经过修炼，就能飞升天堂，转变成神。因而，历经土、月、日，便等于是把自己的人形修炼成了鹰、牛、狮，从而让自己变成教会主宰的模样，这便达到了神的地步。

令人费解的事情是，为什么一定要经过这三个阶段，才能够上升到神的地步呢？或者说，是不是拜火教所遵奉的神和鹰、牛、狮这三种动物之间存在着某种必然性的联系呢？但拜火教还有一个规定：任何教内人员都不得向外人讲述教内的事情，否则就会丧失掉成为神的可能性。

并且由于拜火教距离当今的年代已经十分久远，从典籍中能够搜捕到的信息也就仅限于此了。

剩下的事情只有在典籍的基础上进行大胆推测：在拜火教中被称之为神的人兽合体的怪物，完全可以理解成是变相的“斯芬克斯文化”

的延伸。因为其造型实在过于奇特，才会让人们对其主宰加上了神灵的色彩。然而，为什么这一主宰必须是人、狮、鹰、牛这几种生物呢？这依然是一个难解的谜。

在对丹尼斯本人历程的推测中，有资料显示他生前很有可能便是拜火教中的成员。正是因为他认识到了主宰拜火教的神所代表的日、月、土三者结合起来而给人世间带来的毁灭性的灾难，才让他决定把自己所见识到的情景用文字记载下来。也正是因为他的这一莽撞行为，而触犯了拜火教的教会，丹尼斯很有可能被驱逐迫害。教会的根本目的是要追回丹尼斯写就的那本羊皮卷，无奈之下，当丹尼斯流落到埃及的时候意外发现了神一般的斯芬克斯，才最终把羊皮卷藏在了其附近，也算是最终物归原主了。

但这一切，其实都只是推测和传说，事实究竟如何，已经没有多少论据去验证了。

传说中的《智慧之书》

在《梅路西》记载的斯芬克斯抢夺《智慧之书》的章节中，其叙述顺序相当混乱，人们只能一瞥当时大战的端倪，而最让世人感到震惊的，无疑便是偷盗《智慧之书》的狮身、人头、牛尾、鹫翅的斯芬克斯了。

这一段神话，没有具体的时间和地点，更没有附加的解释和说明，如果是意外地读到这段故事，或许根本不知道它所指代的意义。好在在斯芬克斯身边发现了丹尼斯的羊皮卷，这就可以帮助我们在很大程度上理解成是《智慧之书》依旧不会脱离斯芬克斯而独立存在。

也就是说，丹尼斯的这本羊皮卷已经被后人认定是那本传说中的《智慧之书》了。

仅凭此下结论，未免还显得有些过于草率。其实在斯芬克斯偷盗《智慧之书》的神话故事之外，还有一段前后的铺垫。其是这样写的：那些奇特的生物偷走了伊凡卡天神护佑万物的《智慧之书》，惹恼了伊凡天神。于是，他命自己的儿子伏加天神夺回圣书。双方在迪拜进行决斗，伏加天神终于胜利，夺回了圣书。那只怪物被贬下凡间，隐藏在森林海外，专找那些不善思考的人，把他们吃掉。据传，那本圣书后来又被偷走，藏在狮子座的附近。

这恰恰指出了在狮身人面像附近发现的那本羊皮卷，因而，丹尼斯的著作无疑就是《智慧之书》了。在对狮身人面像展开地毯式的搜索之后，最后在狮身人面像前足下 2 米左右的地方发现了藏有丹尼斯羊皮卷的洞。巧合的是，这个洞正对着黄道面狮子座的地方。

那么，这位神秘的丹尼斯究竟是何许人呢?

有传言说，他是一名旅行僧侣。但此说有着不攻自破的漏洞。从狮身人面像和丹尼斯本人留下的这部羊皮卷来推测，他极有可能是古波斯王国拜火教会中的一员，当他得知了人类将在未来的某个世纪之末蒙受灾难的消息后，丹尼斯的信念开始动摇。一方面，是自己苦苦奋斗的目标或许在转眼间就会烟消云散，另一方面则面临着拜火教会的围追堵截。最后丹尼斯作了一个决定，他要用自己的行动来拯救人类。

于是，冒着生命危险，他离开了拜火教会的圣地，意外地来到埃及的狮身人面像前面。他把自己的所知埋藏了起来，希冀着未来的某一天能够得到后人的解读，以拯救世间万民。

预言人类魔王

在这本《智慧之书》里面，当代人已经解读出的部分除了有关于狮身人面像神秘内涵的记载之外，其还预言了另一个恐怖魔王的出现。

书中如此写道：我不知那是什么时候，人类中出现了一位魔王，他拥有旷世的权力，他的子民们为了满足他的欲望而屠杀、侵略和掠夺……我亲爱的孩子们哪，你们千万不要听信他说的话。他的每一句话，都将把你们带到不可回复的罪恶和灾难之渊。

当这位人类魔王出现之后，他自己都不可能知道其实早在千百年以前就被预言命中了。而更惊奇的事情还在发生，这位魔王一次不经意的讲话，竟然成为了他对整个人类的诅咒，并且这些诅咒已经有很大一部分变成了现实。

这个魔王，便是希特勒。

他的那次讲话发生在法国，当时希特勒说："1985 年以后，人类将分为两类。不论国家社会，不论男女，都将两极分化。"这是他第一次同时也是最后一次说出如此恐怖的预言。希特勒这一次到法国是来进行谈判的，一年之后，即 1939 年 8 月末的一天傍晚，夏雨之后的夜晚还带着丝丝凉意，睡梦中的希特勒突然从床上跳将起来大声叫道："就是现在，我已接到指令！"

几天之后，德国军队便闪击了波兰。第二次世界大战的帷幕被拉开了。

从"二战"开始一直到之后的冷战和两极分化，希特勒说的这句预言，几乎都被验证了。

在“二战”爆发之后，希特勒便离开了那个曾经给他无数灵感与暗示的奥贝尔山庄。从此，他似乎也就失去了预言的能力，而开始将自己残忍的触手伸向了那根本就得不到满足的各种欲望和残忍之中了。

之后，在美英空军对柏林的轰炸中，希特勒躲在防空洞中避难。突然他说：“我不是认输的鼹鼠。”当希特勒走出防空洞而出现在太阳底下的时候，一时间他觉得眼前的情景竟然和自己在奥贝尔山庄到过的洞窟一模一样，他声称又看到了自己那不同于常人的才华。之后，在被称之为“地下大本营”的防空洞中的一次宴会上，希特勒便指名道姓地做出了一长串的预言。

希特勒说：“喂，赫尔曼、海因里希，你们觉得这儿的地下生活怎么样？我不觉得丝毫不悦。正相反，我觉得非常舒适，头脑也比以前清晰多了。你们呢？好像也不错嘛！你们和戈培尔都是我们纳粹最高级的领导人，是我最忠实的朋友。不过，我看得很清楚，在距我最后的日子到来之前的第7天，你们两人会共谋背叛我——那时你们和美国人同一鼻孔出气。”

这个预言被后世称之为“地下大本营中希特勒的指名预言”。而这一预言，则被“二战”的形势完完全全地验证为是正确的了。

1945年1月，在奥贝尔山庄的一次地下新春舞会上，希特勒对身边的美女们也做出了一番预言。他说：“勒科，在这个时期你常来这里。但是，你将会离开这里，不会再来。不过，这样很好。你的寿命很长，还能得到很好的声誉，另外，你到死为止都有着如电影明星般的美丽。将来嘛……在本世纪末下世纪初的文明国度里，像你这样不结婚，不生子，一生都做和男人一样工作的女性会大大增加。当然，妇女的地位也会得到前所未有的提高。但是，这都是与那个民族的灭亡，或者说是与人类的灭亡相密切联系着的陷阱。爱娃，你也离开这儿也不要再回来。但是，你是会回来的，因为你是爱娃吗？这是你的宿命，也是我的宿命。你就是为了和我完成命运的安排才回到我身边的！”

放在历史长河的角度去看，希特勒对于女性的命运的预测，几乎完全正确。希特勒话中的爱娃，是他的公开情人。当时，为了躲避空袭，她才躲到了奥比尔山庄。及至到战争的最后关头，她又冒着生命危险回到了柏林，和希特勒举行了如同谜一样的结婚仪式。至此，她的宿命好像已经完成，随后不久她就神秘自杀了。这也是迄今为止人类历史上最大的难解谜局之一。

几乎可以毫无疑问地说，从希特勒的预言能力来推测，他和丹尼斯在《智慧之书》中提到的人类魔王十分接近。或者可以更具有神秘色彩地说，如果希特勒不是魔王转世，他的预言能力又是从哪里得到的呢？

在这样的证据面前，只剩下观者的信与不信的态度，其他一切的证明和诡辩都将只是徒劳。

对“恐怖大王”的推测

在《智慧之书》中提到了一个“恐怖大王”，丹尼斯为其命名为“希多拉”，并且称其是“一位叛乱的预言家”。希多拉在20世纪将会做出有可能毁灭人类的举动。

很多人把这一概念推到了希特勒的身上。正如丹尼斯所言，希特勒有着超越常人的预言天赋，并且诺查丹玛斯也曾预言过这位魔王的降临。但不论是丹尼斯还是诺查丹玛斯，都没有明确地说明这位“希多拉”究竟是谁。

在整个20世纪，希特勒给人类带来的只有数不尽的灾难。这恰恰符合丹尼斯对“恐怖大王”的推测。

在那部旷世的预言经典书《诸世纪》中，诺查丹玛斯曾经为人类的世界描述了一场由于“恐怖大王”而带来的灾难。即便是到了今天，人们仍旧无法破解书中“恐怖大王”的具体含义，众人只知道这是一个暗语，意指人类要经受一场由自身造就的灾难。同样的预言在丹尼斯的羊皮卷中做出了更为详细的描述：

它带着火光从天而降，不明的光闪烁在天边。

还有一束巨大的光，将人们卷入死神的裙袍。

我至上的神啊，求你救救我们的子孙们吧……

可以想见的是，丹尼斯并没有倾尽全力来描述这样恐怖的末日，或许是他根本就不忍心用最残忍的字句来解说这一切。在后人的猜测中，那从天而降的火光被理解成城市核战的开启。因而，即便已经通达了神明意志的丹尼斯对这样末日也只能够表现出无可奈何的态度来。这正是人类自己给自己造下的罪过，因而也只能够由人类自己前去化解。

对于丹尼斯的这则末世预言，还有不少研究者认为这是一场因为环境污染而引发的大自然的报复，并且从此之后，地球将会走向衰亡。这些人认为，那“恐怖大王”指的应该是宇宙射线。以当下的观点来看，当南极上空的臭氧空洞正在逐渐扩大的时候，完全可以想象得到当地球最终失去了对宇宙射线的防御能力之后的场景。

这个“恐怖大王”不论是指具体的人还是某一种物质，唯一可以确信的一点是，它皆是人类自己造就的灾难。更有人猜想说，或许在丹尼斯的《智慧之书》中提到的“恐怖大王”是这几个灾难的合体。这不只是危言耸听，而是像久久敲响的警钟一般，在人们的脑海中轰鸣。

因而，丹尼斯在诗句的最后恳求万能的神要拯救万民。但对当下的世界来说，与其等待世界末日到来之后神的拯救，何不早先一步停下自己狂妄的脚步，等一等那早就被我们落在后面的魂灵。

第六章
心惊胆战预言书

《周易》：最古老的预算书

对中国人来说，《周易》可以算得上一本既熟悉又陌生的预言书了，但《周易》究竟是以什么样的方式去运作的，这恰恰又不是普通人所能够了解到的。

《周易》这个名称最早出现在《周礼》中。“易”即是“道”，恒常的真理，即使事物随着时空变幻，恒常的道不变。《系辞传》：“生生之谓易。”简单地理解，便是众人常说的八卦推算之法。儒家奉《周易》《尚书》《诗经》《礼记》《春秋》为“五经”。因而，《周易》又称之为《易经》。其不但是儒家流传下来的经典之一，更是经过孔子本人校正过的经书，其在书中介绍了64个断定吉凶的卦象，以及推测吉凶的方法。因而，《周易》是中国历史上被用来做预言占卜的基本书籍，后世流传的《推背图》《万年歌》《烧饼歌》《梅花诗》《马前课》等，均是以周易为基本前提的。

相传，周文王姬昌就是一个善用八卦推算诸事的人。在西岐境内如有人犯了法，文王就能够掐指一算把此人的罪过娓娓道来，即便罪人逃到天涯海角，他也能够准确说出其藏匿的地方。甚至在西岐，根本就不需要监狱，所有被抓来的犯人都被安置在文王在地上画出的“监牢”里，没有一个犯人能够逃出去。这便是“画地为牢”的最原始典故。之后，姜尚的徒弟武吉在卖柴的时候失手打死了人，他便亲自尝到了这种画地为牢的滋味。

占筮及《周易》一书起源于甲骨卜的实践，到了殷商末年，周文王写下了六十四卦系的卦辞。后来在春秋时期，孔子的弟子继承了孔子对周易的发现，著了《易传》。秦始皇焚书坑儒的时候，李斯将其列为医术占卜书而幸免于难。

“周”是周到圆满的意思，“易”是运动变化无不果的意思。《周易》原称《简易道德经》，太昊伏羲创作简易图时，把简易符——即现在八卦图的阴阳符——排列成一个圆形即一周的形式，阐明了周和易是简的主要组成部分。周易的周字并非周朝的沿用，而是周朝或周姓沿用了《简易道德经》里的这个完美的“周”字。后代基于此，便用“周”替代了《简易》的“简”字。因而，不论是称之为《简易》、《周易》还是《易经》，最根本的一点在于“易”字。

易的根本现象，便是大自然中万事万物的变化。任何事物的变化都一定会产生结果，这个结果便被称之为“易象”。“求千太万后之果，明千思万绪之象”，说明了“阴阳符”是判断推理的一种测探工具，是探测宇宙万物运行规律的一种方法。而人类自身的命运也是包含在其中的。

关于《周易》的推测和演算方法，在书中《系辞》部分是这样记述的：“大衍之数五十，其用四十有九。分而为二以象两，挂一以象三，揲之以四以象四时，归奇于扐以象闰，五岁再闰，故再扐而后挂。”这就是通常的蓍草之占卜法，一般来说，算命的程序也正是这样进行的。

据传，在《周易》出现之前，夏商时代的人们也有着自己独有的估算命运的方法之书《连山》和《归藏》。历经上千年时间的沉淀，只有《周易》流传至今是不无道理的。《周易》不仅完整保存下来了64个卦象和卦辞，而且还有一套正确的演算和推测方法。这一套完全可以和数学计量法相媲美的推算方法，在现代人看来既感觉玄之又玄，又十分奇妙且精准。

《周易》立足的基本理论点是，人在做任何事情的时候其实都处于一个相对封闭的环境中，任何方面“量”的变化都会引起一系列的蝴蝶效应。在特定的时间场合中，去用科学的方法推算特定人物的命运走势，也不再显得不可捉摸。因而，《周易》不仅仅是一种卜筮的方法，也是一种义理的学问。

“易学”，早就成为一门高深的学问。《汉书·儒林传》记载：“孔子读易，纬编三绝，而为之传。”上下五千年，《易经》代代相传，释家林立。许多学者皓首穷经，考证训诂，留下了3000多部著作，蔚为大观。孔子曾经说“善易者不占”，意思是指，真正学到了《易经》精髓的人并不会把自己的才能仅仅限制在占卜上面。《周易》中包含的各种哲理，早就把这本预言书推到了传世经典的位置上。

1930年，太阳系的第九颗行星冥王星被美国的天文学家发现了。但很快，就有人提出在太阳系中还存在着一颗尚没有被发现的第十颗行星。当时冥王星刚刚被发现，其运行数据尚不准确，因而对于第十大行星的探测均已失败而告终。

当时，一位名叫刘子华的中国人正在法国勤工俭学。他决定不依赖于牛顿万有引力的定律去寻找第十大行星。很多人认为刘子华的所作所为都只是空想，但其实他是凭借了太阳系中各个星体和八卦之间的卦位的对应关系，再利用天文参数进行了计算，从而证明出每一对应卦位所属星体的平均轨道速度和密度均分别为一个密值。最终的结果是惊人的，刘子华第一个算出了这第十颗行星的平均轨道运行速度为每秒两公里，密度为每立方厘米0.424克，离太阳的平均距离为74亿公里。

按照给星球命名的原则，这颗新发现的星球被命名为“木王星”。之后，刘子华把自己根据《周易》推断出来的结果写成了一篇名为“八卦宇宙论与现代天文”的论文作为自己考取博士学位的资本。该论文获得了一致赞赏，刘子华在1938年正式获得了法国国家博士学位。

中国的八卦占卜之术，第一次在全世界范围内引起了震惊。

足以证明《周易》神奇之处的事例并不在少数。德国数学家莱布尼茨是现代电子计算机二进制的创始人，但是，很少有人知道，他正是在中国的古老的太极八卦图的启发和帮助下，才触动灵机，一举成功的。

“形而上者之谓道，形而下者之谓器。”周易讨论的是道，现代科学研究的是器。没有谁上谁下之分，只有把二者结合起来，才能对人类可以预知的未来做出最准确的推断。

《推背图》：规划历史的轨迹

中国第一个女皇帝武则天登基，最早是被《推背图》预测出来的。到底什么是《推背图》？它为什么如此地神奇？

《推背图》在中国预言史上，占据了不可撼动的地位。他是由唐朝的天算学家袁天罡和李淳风彼此谈论天下大势、剖析未来世局的一个预言，书中用四言古风写成了60组谶诗，对未来1000多年的中国人命运作了60个大预言，大胆而准确地预测了唐、五代、两宋、元、明、清以及民国百年以后中国历史发展的轨迹。

因而，在成功预言了武则天登上帝位之后，《推背图》并没有停下自己预言的脚步，其一直把触角伸到千百年之后，一点点地去言说中国社会的发展进程。每一次言中，都让闻者胆战一下。

唐朝时期，出现了两位奇异的学者，一位是在唐初任司天监的李淳风，一位是隐士袁天罡。唐太宗李世民当政之后，因为心忧家国大事，他便把著名的历算学家袁天罡和李淳风两个人请到宫中来推算大唐今后的运势。

谁也没有想到，此二人不但演算出了大唐的国运走向，更把此后上千年间将要发生的事情都一一说了个明白。

这一天，两人闲来无事便背对背坐着，你一言我一语地开始了推算起来，他们先是预知了武后将来会夺权的事情，之后思路一转，两人把推算的结果以流水线的方式向后延展开来。中国历史的命运，就像是一幅画卷一样在两个人的谶言偈语下一点点展开了。连续几天的时间，两个人一直专心于此事，并且还每推算出一件事情就专为此事做一幅画，旁边配上暗喻。

他们做了60多幅画之后，二人正要继续往下推算，此时来了一位须发皆白但精神却异常矍铄的老者。老者把二人正在做的事情突然打断说："你们先不要测什么天下大事，且先推算我是进是退?"说完之后，老人便跨着两腿站在二人面前。

袁天罡和李淳风翻然惊醒，这才意识到自己正在做的事情是在泄露天机。袁天罡推了李淳风的背一下，说："天机不可再泄，我们不要在此妄下断语，还是回去休息吧!"《推背图》也由此而得名。

另有说法称，《推背图》的最后两句诗为："万万千千说不尽，不如推背去归休。"有人认为其名称正是源于这两句诗。

《推背图》受《易经》的影响很大，甚至可以说其完全是由《易经》演变而来的，其每一卦象均以八八六十四卦之一为起始，一共得到六十个卦象。除去第一象引言和最后一象结言并非预言外，共有58个预言，每一象合诗二首，卦图一幅，从大唐的命运一直预言到世界大同，大约预言了几千年的历史变迁的命运。

《推背图》中的预言顺序，都是经过仔细推敲之后排定的，其实完全符合历史发展的轨迹，因而可以说这是当初袁天罡和李淳风二人精心排定的历史轨迹预言书，并不是无心说出的偶然事件。《推背图》中的预言提到的历史事件，和历史史书以及历史专著中提到的种种记载均相互照应着。据传，在58个卦象中，已经有45个被历史完完全全地验证了，还剩下尚没有被解密的13个历史预言，等着后人去一窥其中的重重玄机。

离我们当下最近的一个《推背图》预言被验证的案例，当属辛亥革命发生以及清王朝的灭亡。在《推背图》中提到："谶曰：'汉水茫茫，不统继统。南北不分，和衷与共。'颂曰：'水清终有竭，倒戈逢八月。海内竟无王，半凶还半吉。'"

在《推背图》中，早已经预测到了清王朝的灭亡。

谶语一开始就直截了当地提到了辛亥革命的发源地"汉水"。在之后的"南北不分，和衷与共"，直接道出了一个新的共和体制的诞生，这便是对与清代灭亡和民国之初政局的一个预测。颂中的"水清终有竭"，指1911年的辛亥革命使入关268年的清朝彻底结束。"水清"显然是指清朝，根据五行演变的规律，明朝被认为属火。朱元璋的朱是红色，代表火，明朝的明是日月之光，更直接就是火了。根据五行相生相克的思想，代替火而兴起的必然是水，即清代的属性是水。"水清终有竭"的意思是说清王朝终究会有灭亡的一天。"倒戈逢八月"，无疑是在指武昌起义发生的时间，此"八月"乃是唐朝时期的计时方法。由于起义军中有不少人是原清军，所以称之为"倒戈"。更因为这次起义的成功，在很大程度上借助于袁世凯的逼宫，在此基础上谓之"倒戈"，更是明说暗喻一并都交代了出来。

最后两句"海内竟无王，半凶还半吉"的意思也很明显。这次起义之后，中原大地上将不再有皇位，甚至连民国总统的任期都是有严格限制的，谁也不能够再在这片土地上称王称霸。另一方面的意思则带有几分暗喻，清帝退位之后，中原大地即将面临着群龙无首的状态，因为没有大王，所以才会处于一片混沌之中。"半凶还半吉"就是对这一时期政局动荡的最好解释。一直到最后国民革命军北伐彻底打倒了北洋军阀，才终于把半凶的局面还归了半吉。

然而，也有不少学者对《推背图》是否是一本预言书表示了怀疑。他们认为，这本书不仅不是一本预言书，更不可能是产生于唐代的古书，其充其量也不过算是后人牵强附会的一本故事图画集。因为唐代的社会风气比较开化，预言在那个时期是没有立足之地的，只要被查到家中藏有预言的书籍，就有可能遭到灭族的风险。因而，《推背图》是由唐朝时期的袁天罡和李淳风所做的可能性并不大。

以此说法来论断的话，现如今能够阅读到的《推背图》最早的雏形产生于五代时期，后随着历史的推进而被后人不断加以完善，最晚的部分在清初也已经成形了。

但在国外，《推背图》一直被列为“中国七大预言”之首，而今天我们看到的推背图，是清乾隆年间的举人金圣叹评批的版本，原本现仍保存于台北“故宫博物院”中。

《万年歌》：社会兴衰皆有章法

在中国，另一部非常著名的曾经预言了社会兴衰的预言著作便是姜尚姜太公的《乾坤万年歌》。

对于普通大众来说，姜尚更被人们熟知的名字叫做姜子牙。姜子牙曾经辅佐周文王和周武王两代国君完成讨伐商纣的大业，并成功建立起周王朝。因而，姜子牙是周朝的开国大功臣，同时他也是齐鲁文化的创始人之一。

因杰出的政绩，姜子牙一直被后世遵奉为“武圣”，唐肃宗封姜子牙为“武成王”，宋真宗时，又封姜子牙为“昭烈武成王”。到了明朝时期，姜子牙身上的神话色彩逐渐浓重起来，尤其是在明万历年间以武王伐纣的神话小说《封神演义》问世之后，姜子牙在小说中代替了他师父元始天尊的位置而把众多的神仙联系在一起。至此，一位普普通通的“武圣”终于完成了由人到神的转变。

《乾坤万年歌》便是姜子牙留给后世的一个谜题，由此推断出，姜子牙不仅仅是一个军事家、谋略家，更是一个鲜明的预言家。

姜子牙出身于贵族家庭，祖先的封地叫“吕”，所以他又被称为“吕尚”。有关于姜子牙的预言能力，流传下来的故事也颇多，其中最著名的是“姜太公钓鱼，愿者上钩”这一典故。

传言，姜子牙钓鱼的时候，用的鱼钩是直的，并且鱼钩上从来都不挂鱼饵。他一生大部分的时间都隐居在陕西渭水边，这里曾经是周文王姬昌的领地，姜子牙在此垂钓，大有引起文王注意以施展自己的才能从而建功立业的目的。

姜子牙在钓鱼的时候，鱼钩总是离水面有三尺远。他一边高高地举着钓竿，一边自言自语说：“不想活的鱼儿呀，你们愿意的话，就自己上钩吧！”

在常人看来，姜子牙这样钓鱼，简直是天方夜谭。某一天，一个打柴的人经过，看到姜子牙如此奇怪的钓鱼方式，便对他说道：“老先生，像你这样子钓鱼，100 年也钓不到一条鱼的！”姜子牙举着鱼竿笑了笑，说：“对你说实话吧！我不是为了钓到鱼，而是为了钓到王与侯！”

这一消息不胫而走，终于传到了文王姬昌的耳朵里。姬昌想要一探究竟，便派了士兵来请姜子牙。不承想姜子牙根本就没有理睬这个士兵，不但如此，他依旧摆着自己垂钓的姿态说风凉话：“钓啊，钓啊，鱼儿不上钩，虾儿来胡闹！”

士兵一听，知道姜子牙根本就没有把自己放在眼里，等他灰溜溜地回去禀报之后，文王又派了一个大臣来。姜子牙依旧是一副不答理的神态，他自言自语说：“钓啊，钓啊，大鱼不上钩，小鱼别胡闹！”

至此，文王姬昌这才意识到，姜子牙这是暗示自己应该亲自去请。爱才心切的姬昌先是吃了三天的素食，然后又洗澡换衣服，最后带着一份厚礼前来求见姜太公。至此，姜子牙才答应为文王效力，以辅佐他治国平天下。

而文王知道太公的道德很高，请太公上车推着他回去，但那里正好是沙地，文王推了800步就推不动了。也正是因为这800步，姜子牙对文王说："你将会享有八百年的江山。"而这，和周朝统治的历史时间长短相差无几。

姜子牙所做的这部《乾坤万年歌》总共只有110个句子计770字，但它却概括了中国历史上一万多年的重大事件。它从宇宙起源洪荒的混沌时期开始说起，经过三皇五帝之后，直接讲到了关于周代的各种预言。

书中，先是预言了周王朝只会统治国家800年，然后又提到了接替周朝接力棒的秦朝并不会稳坐江山太长时间，大约只有20年的时间。在《乾坤万年歌》长达万年的预言中，姜子牙基本上是通过拆字、解字的方式预设了历代王朝的动乱兴替年份及帝王姓氏。然而，这部预言书中还有很大一部分预言历史变迁趋势的字句，直到今天也没有被解读出来。

最早《乾坤万年歌》的预言验证，历史上的具体事例多如牛毛，不胜枚举。尤其以其预言汉王朝的句段最显奇妙。书中提到："卯坐金头带直刀，削尽天下木羊首。一土临朝更不祥，改年换国篡平床。泉中涌出光华主，兴复江山又久长。四百年来更世界，日上一曲怀毒害。一枝流落去西川，三分社稷传两代。四十年来又一变，相传马上同无半。"只用短短十余句话，就完完全全地把从汉高祖刘邦建立汉王朝一直到蜀后主刘禅亡国的400年间的历史全都娓娓道来。

"卯坐金头带直刀，削尽天下木羊首"，一个金字加上一个卯字，另外在旁边再加上一个直刀，这正是"刘"字的繁写"劉"。也就是说，灭亡秦王朝的将会是一个姓刘的人。根据历史记载，刘邦是在乙未年被西楚霸王项羽立为汉王的，这一年于五行之中正是木羊之年，因而后一句的“削尽天下木羊首”说的正是汉高祖称王的时间。

之后的“一土临朝更不祥，改年换国篡平床”指的则是王莽篡权这件事情。“一土”合并起来就是“王”字，后面一句直接言中了王莽在篡权之后将会改朝换代的事情。

而“泉中涌出光华主，兴复江山又久长”则是指在平复了王莽之乱后，出现的光武中兴的场景。光武帝刘秀的家乡在南阳白水，“泉”字拆分开来正是“白水”二字。

“四百年来更世界，日上一曲怀毒害”是在指出汉王朝的江山大约只能稳固400年的时间。自此之后，将会开始一个全新的年代纪元。从史书的记载来看，东汉和西汉的时间加起来，中间去除掉王莽当政的时间，正好是不多不少的400年。之后，“日上一曲”的“曹”姓之人将会出现，以其身代替皇帝来诏令天下。这便是三国之始的曹魏政权了。

“一枝流落去西川，三分社稷传两代”说明即便是到了曹魏的手里，汉王室并没有完全断绝，其尚存的一支却流落到川蜀地区。这正是和曹魏以及东吴呈现出三足鼎立之态的刘备父子。但在三分社稷的局面中，刘姓江山也只传了两代人，随后便走向了覆灭。

最后两句“四十年来又一变，相传马上同无半”，说的是在刘备和刘禅力图匡扶汉室的43年的时间里，曹魏政权中也发生了一次大的政变。“相传马上同无半 ”中的“同无半”，将“同”左边去了一竖就是一个“司”字，与“相传马上”的“马”字合起来就是“司马”二字，指的是带“司马”字样的人篡魏这件事情。至此，三国时期也算是走到了尽头，等到司马家一统天下之后，才开始了之后的两晋的王朝之事。

管中窥豹，以汉王室的兴衰便可断定《乾坤万年歌》绝对是预言精准的一部旷世奇作。然而，学者们依旧给痴迷者泼了一盆冷水，他们认为这本书还是后代好事之人的编纂，并不是姜子牙亲笔所做，因而丝毫不值得如此认真地去对待。而且，书中不少段落遣词造句的方式有着浓重的宋元之风，其起源于周代的说法似乎显得并不牢靠。而如同“卯金刀”等拆字的方式，是在汉晋之后才出现的，秦汉之前一直是以篆书为主要的书写方式，流传于后代的拆字法显得并不那么具有说服力。

因而，今天流传下来的《乾坤万年歌》究竟是何来历，反倒喧宾夺主成为这本书中最大的疑团。这一问题，也只能留待历史自身去解答了。

《马前课》：诸葛亮的军中卦言

在三国之前，预言历史兴衰的书籍基本上是《乾坤万年歌》一家独大，但在三国时期，蜀国的军师诸葛孔明作的一部《马前课》，成功取代了《乾坤万年歌》的预言地位而备受世人关注。

或许有人不知道《马前课》，但绝对不会不知道诸葛亮。诸葛先生上知天文，下通地理，有着经天纬地之才，且用兵如神，文韬武略样样都是拿得起放得下。关于诸葛亮最神奇的记载，莫过于其未出茅庐就已经三分天下。如果单单只是把诸葛亮的这一份才能划归为他的眼光长远，未免有些过于草率。

诸葛亮真正的才华，并不只仅仅体现在他具有运筹帷幄、决胜千里之外的谋略之风，更体现在他料事如神这件事情上。精通易理数术、懂得观察天象以判断时事的诸葛亮，在借东风以火烧赤壁和草船借箭这两件事情上，把自己的才能一展无余。尤其是被《三国演义》这本小说增加了不少神话色彩之后，诸葛亮俨然已经成为一位通天达地的半个仙家。

他身上的这种“超能力”，还体现在识人相面上。据传，诸葛亮能够根据人的面相对于人这一生的命运做一个比较准确的推断。当他第一次见到魏延的时候，就预知到此人日后一定会叛变，因而才会安排马岱在自己死后斩杀了魏延。

《马前课》一书是诸葛亮在军中闲暇时候把自己毕生所学集结在一起的册子。单凭这句介绍，就可以断定《马前课》的价值到底几何，因而这本书也就成为了能够预测天下大事的一本奇书。“马前课”的意思即为是在马前占卜的一课，即是在军旅生涯之中闲来无事所卜之卦。

《马前课》这本预言书中的预言相当简洁明了，其自由短短的十四课，但每一课却都预言了一个朝代的兴衰。按照着历史演进的顺序，马前课的预言显得极富有规律性。因而，相比其历史上的其他预言书，《马前课》更容易被后人解读。并且，每经历过一个朝代之后，人们再去研读《马前课》中关于此朝此代的记载，总是会惊讶地发现诸葛亮当初的预言竟是如此精确。

《马前课》的第一课，是诸葛亮在讲自身的处境和当时的时局。严格来说，这并不能算是预言。在这一课中，诸葛亮提到一句“无力回天，鞠躬尽瘁。阴居阳拂，八千女鬼”。前八个字正是他这一生的写照。诸葛亮为了报答刘备的知遇之恩，虽明知汉家江山的气数已尽，但仍旧是“鞠躬尽瘁，死而后已”。他本想凭己之力来扭转乾坤，“阴居阳拂”，可终也逃不过命运的定数。“八千女鬼”指的便是“魏”，这也预言了蜀汉最终要被魏国吞并的命运。

第二课“火上有火，光烛中土。称名不正，江东有虎”，讲到的便是两晋的命运。“火中有光”，无疑指的是司马炎。此时，司马家族已经掌握了江山大权，司马昭去世后，他的儿子司马炎逼着曹魏政权的最后一任名誉皇帝禅让帝位，从此建立起晋朝。晋军在攻陷了建业之后，把东吴的最后一个皇帝活捉起来，并建都洛阳，所以才称之为“光祝中土”。

可是司马炎的晋朝天下，终是因篡权而建立起来的，因此正是“称名不正”。

公元291年，八王之乱开始，中原被少数民族占据。公元317年镇守建康的亲王司马睿，宣布即位称帝，建都建康，史称“东晋”。建康因地处江东，故称之为“江东有虎”。另有一说，司马炎在称帝的时候，东吴政权尚没有被消灭，“江东有虎”指的便是这一政权所在。

到了第三课，书中提到“扰扰中原，山河无主。二三其位，羊终马始”。这一节里，讲述到了晋代的八王之乱和之后南北朝纷乱格局的政局状况。

司马炎去世之后，司马衷即位。但在第二年，就爆发了八个司马家族因为权力和皇位而相互残杀的“八王之乱”。这一乱，整个把平和的中原大地都掺和在其中了，此后上百年的时间百姓没有安居的日子可以过。八王之乱的最高潮时期，晋朝也四分五裂为十六国。之后又是数百年的时间，在这片土地上前前后后建立并覆灭的国家多达20个，但每个国家的国运都不长，因而才会说是“二三其位”。

在之后，东晋南迁，北方彻底成为了少数民族的天下。因为天下大乱起源于司马家族的暴动，所以称之为“马始”，而这样大乱最终被杨坚建立起来的隋朝平定下去，所以成为“羊终”，取“羊”和“杨”同音之意。

单单从《马前课》中的前三课，便可一窥这部军中卦言的奇妙之处，更难得的是其前十课竟然准确无误地说中了历史趋势。然而，至今为止，《马前课》中的最后四课还没有得到历史的验证，这四课分别是：

第十一课：四门乍辟，突如其来。晨鸡一声，其道大衰。

第十二课的内容是：拯患救难，是唯圣人。阳复而治，晦极生明。

第十三课的内容是：贤不遗野，天下一家。无名无德，光耀中华。

第十四课的内容是：占得此课，易数乃终。前古后今，其道无穷。

最后一课，只能作为是整本书的一个结语，因而可以理解为还有三课的预言没有被验证。但从字面意思来理解，人类社会毕竟经历一次大动荡，此后便会有圣人出现，以拯救黎民苍生。一直到最后的预言，诸葛亮提到了一个和谐的大同世界，这才是人类文明发展的最根本。

历史学家依旧对《马前课》的预言持以谨慎的态度，尽管古人也表达出了对美好未来的渴望，但《马前课》依旧陷入了后人编纂的传闻中而无法自拔。所幸的是，当今的人们已经懂得如何科学地去看待这部预言书，人们正在向着最后的和谐大同的目标所努力，这也正是诸葛亮当初作这本书时所期望的最美好的结果。

《烧饼歌》：一首东方谜语

一提古中国的预言书，就不得不提到《烧饼歌》。这部由刘伯温写就的预言书有着东方《诸世纪》的称谓，其和《乾坤万年歌》以及《马前课》并列为古中国的三大预言书。而刘伯温也因为此书，被后人称为东方的“诺查丹玛斯”。

在民间野史中，刘伯温是一个几乎可以和诸葛亮齐名的人物，他更被人们称之为“明代诸葛”。刘伯温上知天文，下知地理，对于三教九流、诸子百家的知识和言论无所不知无所不晓。也正是他这一身旷世才华，才助朱元璋最终成就了天下霸业。

当明王朝最终一统天下后，坐在龙椅上的朱元璋内心里其实并不安稳。他无时无刻不在担心着自己的江山是否能够长久，因为自己曾经就是从枪杆子里夺到的政权，居安思危，朱元璋也一直在担心是否会有人像自己灭元一样暗地里颠覆了明王朝。这一天早上，朱元璋正在内殿里吃饭，他今天的主食是烧饼。然而，当他刚刚咬了一口时，便突然间想起了什么，于是连忙命人宣旨召见刘伯温。

朱元璋想起的事情是，刘伯温跟随自己征战沙场多年，历经大小战役无数，可以说是用兵如神。每每在关键的时刻，他都能够凭己之力转危为安。朱元璋心想，既然刘伯温有这个本事，为什么不把这能掐会算的活神仙召进来好好地给自己卜上一卦呢?

于是，朱元璋就把刚刚咬了一口的烧饼放下来，用碗盖上，便下令传见刘伯温，让他来给大明江山做一个推算。

刘伯温接旨之后慌忙来殿朝见。他刚一见到当朝圣上，朱元璋就故意为难刘伯温问道："先生既然通明数理，那么可知道这碗里面的是什么物件?"刘伯温不得不掐指算了起来，不大一会儿，他就打了一个隐喻说："半似日兮半似月，曾被金龙咬一缺。"这正是被朱元璋咬了一口不成正圆反而像是月牙的烧饼。刘伯温紧接着自己揭开了谜底说："依臣所见，碗中为一烧饼是也。"

碗都不用掀开，朱元璋自己早已经心知肚明了，他不得不对自己的军师赞叹有加。没有任何理由可以去怀疑刘伯温一身的掐算本领，于是朱元璋也就放开了心理防线直接问到了大明朝今后的国势如何。

皇帝这么问，做臣子的其实并不好回答。如果推算出来的结果是好的，则相安无事；如果结果不好，究竟应该如何把这一结果说出口，便成了最复杂的事情了。伴君如伴虎，朱元璋既然问了，刘伯温更没有理由不去做。无奈之下，他急忙回答说："我皇万子万孙，何须问哉!"但这一句应承的话，显然是不足以对付过关的。

朱元璋也早就预料到刘伯温会如此回答，不禁脸上有些不高兴。刘伯温一看，这是皇上下的圣旨，一方面自己不得不遵从，另一方面又不能泄露过多的天机，两者权衡了一下，他最终在回答朱元璋这个问题的时候用了很多隐喻的手法。这次对话被人们记录了下来，之后会聚成书，便是《烧饼歌》。

《烧饼歌》全文共计1912字，由40余首隐喻歌谣组成，是用隐喻写成的“预言”歌谣，同时也是卜卦撰词，其从一定的“象数”规律排来，涉及“象、数、理、占”的人化应用，也是前人“观象玩占”的遗著。《烧饼歌》在民间流传很广，影响也极为深远，但正是因为隐喻太多而很难被人所理解。

在《烧饼歌》的预言中，明代以及之后近千年的历史都成为其探囊可取之物。如在明代非常知名的“靖难之役”、“土木之变”、“宦官干政”等事件，以及明王朝的最终灭亡和满清的兴起，都被一一叙述在其中。

《烧饼歌》一书中主要是以记录对话的形式来描述当时刘伯温和朱元璋之间的预言，在谈到大明亡国和满清兴起的时候，这段对话是这样记载的：

帝曰：“自古胡人无百年之国运，乃此竟有二百余年之运耶？”

基曰：“雨水草头真主出，赤头童子皆流血。倒置三元总才说，须是川水页台阙。十八年间水火夺，庸人不用水火臣。此中自己用汉人，卦分气数少三数，亲上加亲又配亲。”

帝曰：“胡人至此用人水夺火灭，亲上加亲，莫非驸马夺作乱乎？”

基曰：“非也。胡人英雄，水火既济，安享太平，有位有势。时值升平，称为盛世，气数未灭，还有后继。宝剑重磨又重磨，抄家灭族可奈何。阉人社稷藏邪鬼，孝悌忠奸诛戮多。李花结子正逢春，牛鸣二八倒插丁。六十周甲多一甲，螺角倒吹也无声。点画佳人丝自分，一止当年嗣失真。泥鸡啼叫空无口，树产灵枝枝缺魂。朝臣乞来月无光，叩首各人口渺茫。一见生中相庆贺，逍遥周甲乐饥荒。”

帝曰：“胡人到此败亡否？”

基曰：“未也。虽然治久生乱，值此困苦，民怀异心，然气运未尽也。廿岁力士开双口，人又一心度短长。时俺寺僧八千众，火龙渡河热难当。叩首之时头小兀，嫦娥虽有月无光。太极殿前卦对卦，添得襆斗闹朝堂。金羊水猴饥荒岁，犬吠猪鸣泪两行。洞边去水台用水，方能复正旧朝纲。火烧鼠牛犹自可，虎入泥窝无处藏。草头家上十口女，又抱孩儿作主张。”

在这段对话中，“川水页台阙”是指“顺治”，“庸人不用水火臣”是指“康熙”，“点画佳人丝自分，一止当年嗣失真”是指“雍正”，“朝臣乞来月无光，叩首各人口渺茫”是指“乾隆”，“廿岁力士双开口，人又一心度短长”是指“嘉庆”，“洞边去水台用水”是指“同治”。

此外，有些句子提到了皇帝在位的时间，如“卦分气数少三数”是说康熙在位六十一年，因为阴阳八卦是八八六十四，而减少三就正巧是六十一；“逍遥周甲乐饥荒”指的是乾隆统治天下六十年，夸耀天下太平，自称“十全老人”。

从这些推论可以看出，《烧饼歌》中记载的内容和历史事件存在的出入极小。而在《烧饼歌》中，还预言了不少当今及未来将会发生的事情。

但《烧饼歌》并没有像众多的西方末日预言一样说了一些世界灭亡的预测，而是大胆提出了在一番苦难之后，人们必定会见到风雨之后的彩虹。虽然有诸多坎坷，但人类终将会迎来一片太平盛世。

关于未来最终的美好光景，《烧饼歌》中这样写道：“犬吠猪鸣太平年，文武全才一戊丁，流离散乱皆逃民，爱民如子亲兄弟，创立新君修旧京，千言万语知虚实，留与苍生作证盟。”这几句话通俗易懂，向所有人描绘了一个天下大同的世界。而唯一不明确的一点是，这个美好的未来，什么时候会到来。

因为《烧饼歌》写得极为隐晦，因而就不免会陷入后世人强行加入自我解读的旋涡中。《烧饼歌》在民国之前流行于坊间，但正史中从没有记载刘伯温做过此书。曾有一个美国汉学家考证，《烧饼歌》最早来源于清代人的一个笔记之中。这便增加了此书是清末之人假借刘伯温的名号所做的嫌疑。究竟谁是谁非，依旧还是要交给历史去评断。

《梅花诗》：传奇人物预言诗

北宋时期有一位著名的学者和易学家名叫邵雍，他作了一部只有十首诗歌的预言集——《梅花诗》。《梅花诗》在中国古代的预言史上也占据着相当重要的地位，其神奇之处不仅仅来自于对后世的预言，更在于作者邵雍本人。

邵雍是一个非常具有才华的人，只是像文人们生不逢时的厄运一样降临在他的头上。时代并没有给他一个能够施展自己才华的好机会，因而邵雍并不为后人所熟知。除却名号和头衔等身外之物，单单论知识和才华，邵雍绝对是不能被忽略掉的一个人。有关于邵雍神机妙算的故事，也同样不在少数。

据说，有一年冬天的傍晚，邵雍和几个好友聚在一起围炉夜话，忽然间听到一阵敲门声。令人奇怪的是，敲门声先是响了一阵后，紧接着又连敲五声。邵雍打开门，敲门人声称要向他借一样东西。邵雍突然心血来潮，决定要给自己卜一卦。卜完卦之后，他说来人一定是借斧头的。朋友听完之后纷纷表示不相信，于是邵雍就亲自去问来者要借什么东西，没想到对方的回答果真是斧头。

朋友们全都被邵雍的神机妙算给镇住了，大家急忙问他是如何推算出来的。邵雍笑笑，不紧不慢地说：“来人第一次敲一声，根据周易推算，得到了上卦乾，接着敲了五声，得下卦为巽。上下卦得后，上下卦数再加得变爻为四爻，因而本、互变卦中有三个乾卦，乾属金，体卦巽为木，故来人所借当属金、木之类，又乾金短而巽木长，故邻居来借的这个东西当为斧头。”这一番颇具有专业性的论述，一时间折服了所有人。

而提到《梅花诗》，其也是邵雍在赏花的时候心血来潮作下的。和其他流传下来的预言一样，邵雍在《梅花诗》中也采用了极为隐晦的语言，这在理解上存在许多困难和障碍。且《梅花诗》中有很大一部分是写给出家修行人的，因而尘世中的芸芸众生更不知所云。《梅花诗》共有十首，全书隐晦地勾勒了此后中国的历史巨变和朝代变迁。

在《梅花诗》问世之后，历史的演变已经证实了若干首预言诗歌的正确性，尤其是前五首预言诗，更被人们认定是确凿无误的预言。

第一首诗写道：“荡荡天门万古开，几人归去几人来。山河虽好非完璧，不信黄金是祸胎。”这首诗，被认定是预言靖康之变和北宋灭亡的语句。

“荡荡天门万古开”便是指北宋的都城开封府被金人撬开了大门，随后的“几人归去几人来”则是在描写宋人在外敌入侵之后颠沛流离的惨状。“山河虽好非完璧”很明显就是在指虽然宋朝还存在，但已经不是一个完整的天下了，且世事变迁，没有人会相信金人会是最终灭掉北宋的族群。因而，最后一句“不信黄金是祸胎”的意思也就不言自明了。

第二首诗写道：“湖山一梦事全非，再见云龙向北飞。三百年来终一日，长天碧水叹弥弥。”这首诗被认定是对偏安一隅的南宋王朝的鲜明写照。

北宋灭亡之后，南宋朝廷不但不知道自我反思，相反却只懂得贪图一时的享乐，因而才会有开篇的“湖山一梦事全非”之说。“云龙向北飞”则是指在北方出现了真龙天子的迹象。此时，在蒙古草原上，正有一个人励精图治，以图一统中华。此人，便是成吉思汗。而宋王朝的灭亡，早已经不是什么秘闻了，只剩下唯一的问题便是时间。当元军直逼临安的时候，大宋的天子被抓，宋王朝彻底覆灭了。最后一句“长天碧水叹弥弥”描写的事情更加凄惨。当残留的宋军部队被元朝的追军赶得穷途末路的时候，丞相陆秀夫背负着年仅 9 岁的南宋小皇帝投海而死。

从此，天下改朝换代，再也不姓赵了。

第三首预言诗是在讲元朝的石师，诗曰：“天地相乘数一原，忽逢甲子又兴元。年华二八乾坤改，看尽残花总不言。”

“天地相乘数一原”意指普天之下将会发生一场大巨变。第二句“忽逢甲子又兴元”的首字“忽”则说的是元世祖忽必烈，而“兴元”则是指元朝的兴起。忽必烈登基称帝的那一年，正是农历甲子年。之后的“年华二八乾坤改”，是说在元朝统治天下 80 年之后，必将又经历一次乾坤变革。从宋亡到元灭一共是 88 年的时间，直到朱元璋建立起了明王朝，才有了“看尽残花总不言”的结局出现。

第四首诗写道：“毕竟英雄起布衣，朱门不是旧黄畿。飞来燕子寻常事，开到李花春已非。”很明显，这首诗是在讲大明朝的国事了。

“英雄起布衣”，无疑是在说明朝的开国皇帝是从平民老百姓中来的，而朱元璋不但是个平民百姓，更曾是个一无所有的叫花子。他并不是京畿望族，但却能够一统天下，因而说“朱门不是旧黄畿”。但时隔不多久，便有燕王朱棣谋朝篡位，故“飞来燕子寻常事”并不是没有来由的预言，这件史事被后世称为“靖难之役”，此也正是《梅花诗》预言最具有代表性的预言之一。直到末句的“开到李花春已非”，直接点明了明王朝的灭亡。“李花”和闯王起义的李自成脱不开干系，正是李自成的农民起义军，彻底终结了崇祯皇帝的江山美梦。

到了第五首诗的时候，《梅花诗》已经把时间的跨度写进了大清朝。诗中写道：“胡儿骑马走长安，开辟中原海境宽。洪水乍平洪水起，清光宜向汉中看”。前两句中的“胡儿”显然是对少数民族的蔑称，

“胡儿骑马走长安”了，天下必定是属于北方的少数民族。“开辟中原海境宽”更直接点出了清朝一统天下是大势所趋。但最后两句，却跨过了整个清朝的历史，把叙述重点放在了颠覆清朝的两次起义上。“洪水乍平洪水起”指的是洪秀全领导的太平天国运动，“清光宜向汉中看”中的“汉中”则道出了武昌起义的地点。这两次起义，一次使得清王朝的元气大伤，另一次结束了达数千年之久的封建帝制。

至此，从宋朝直到清灭亡的漫长历史中，《梅花诗》不紧不慢地把王朝变迁之事讲来，作者邵雍犹如在叙述自家往事一般，将后世的历史完全囊括在自己的预言中。

另有不得不说的一点是，《梅花诗》的最后一首诗也提到了一个大同的世界。诗中写道：“数点梅花天地春，欲将剥复问前因。寰中自有承平日，四海为家孰主宾。”意思是指，在未来的某一天，将会有一个大同的世界出现，到那时，四海兄弟皆是一家人，那才是真正的终极梦想所在。

然而，《梅花诗》同样被不少人认为是牵强附会的诗歌而已，和预言完全扯不上边。《梅花诗》中的十首诗歌以及尚未实现的美好梦想究竟是对是错，恐怕在一千个人的心中，会有一千个不同的概念，这也恰好是预言诗本身的魅力所在。

《步虚大师预言》：详解中国百年历史

步虚大师是隋朝的一员武将，在隋末唐初的乱世中于天台山出家避难。《步虚大师预言》则是步虚大师写就的一篇乩文。相传，在清光绪三十年正月初七日，北京西山碧云寺清虚楼的主人高静涵居士请得隋冲的步虚真君降乩。而在民国初年，这一道乩文又再一次引起了一时的轰动。在整篇乩文的预言中，其提到了光绪帝之死、清廷灭亡等大事件，因而写这道乩文的人被认为是某一个神仙，因而才能够知道后世千百年的各个事件。在道家的神仙体系中，地仙或者人仙能够预知到数百年之后的事情，因而当初上山为道的步虚大师便被后世人认定是已经飞升成为了地仙或人仙。

《步虚大师预言》的开篇写了一道序言，其中提到："昔因隋乱采菩提，误入天台石宝西。朝饮流霞且止渴，夜餐玉露略充饥。面壁九年垂大道，指弹十代换新仪。欲我辟途途误我，天机难泄泄禅机。"这首诗被认定是步虚大师自我叙述的平生修行之事。因为隋朝的战乱而进山修道，他苦修整整 9 年的时间才最终得道。因为一次偶然地往后展望，不曾想却写下了这首预言诗而泄露了天机。

《步虚大师预言》总共只有 480 字，但正是这篇不到 500 字的文章，却在此后的历史中见证了种种与家国性命相关的重大历史事件。

整篇预言诗的一开始便提到："云暗暗，雾愁愁，龙归泥土塑猕猴，三岁孩童三载福，月下无主水空流，万顷烟波一旦收。"这句诗，向来被认为是在讲清末皇帝宣统的故事。所谓"云暗暗，雾愁愁"是指当时的朝廷是被慈禧太后垂帘听政，因而庙堂之上便显得日月无光，连飘着的雾气都变得愁云惨淡。"龙归泥土塑猕猴"的意思是说，真正的真龙天子钻到了泥土里面，而却在朝堂上祭拜那泥塑的猴子。言外之意是指，宣统皇帝就是那泥塑的猴子，而真正代表皇帝的"龙"则是那早已经过世的前辈父兄。

这里还暗含着宣统帝登基的一个典故。史书记载，宣统皇帝登基的时候只是一个 3 岁的小孩子，因为天气冷，且登基典礼冗长而无聊，坐在龙椅上的宣统皇帝大哭不已。3 岁的孩童根本就没有见过如此大的场面，当时是由摄政王抱着宣统帝坐在龙椅上的。当宣统皇帝哭个不停的时候，摄政王便不停地对他说："一会儿就结束了，一会儿就结束了。"

然而这句话也正像是个咒语一般，无意中言中了清王朝的宿命已经长久不了了。因而，之后的《步虚大师预言》中便紧接着写道“三岁孩童三载福”，暗示说宣统皇帝只有三年的福报，此后便是大的劫难的开始。

后一句“月下无主水空流”，有人试图用解字法来解释这句诗，但无论是在繁体字还是在简体字中，均没有这么一个字出现。唯一的有些拗口的解释是从“主”字入手，有个“水空流”，水流干了，这便是一个清朝的“清”字。三点水干了，又月下也无主了，这个主跑到月上去了，除了清朝的“清”字之外，其他的解释便显得更加荒诞。

预言诗之后便提到了“万顷烟波一旦收”，这是说万里江山在顷刻之间不在了，全中国改朝换代也只需要一天的时间。而“一旦”便是宣统皇帝的“宣”字，无疑这句话是在指清王朝的灭亡。

接下来的一段，却提到了推翻清廷的民主革命。“君作祖，质彬彬，万里长虹破浪征，黄鹤楼中吹玉笛，八方齐奏凯歌吟，旌旗五色换新新。”据后世的推论，这段诗的指代意义更要鲜明许多。

“君作祖”的意思是“你就是祖宗”。有了祖宗，自然要有孙辈的人出现。后一句的“质彬彬”并不是一句完整的话。整句话源自《论语》，其中提到“文质彬彬，然后君子”，预言诗中唯一把“文”字隐藏起来，这便恰恰就是其要叙说的重点。因而，把这两句综合起来指的便是中华民国的大总统孙文先生。

“万里长虹破浪征”是说孙文先生为了中国的革命而奔走呼号，不远万里，从美国的檀香山乘风破浪回到祖国。因而，这句话一方面写实，另一方面却极其具有象征意味地提到孙文先生破的万里巨浪正是阻碍中国民主革命向前进的各种顽固保守势力。

之后，步虚大师的预言诗把话题一转提到了黄鹤楼上。“黄鹤楼中吹玉笛”是在说黄鹤楼上也响起了革命的号角。这里，是黎元洪的驻地，也正是他宣布要帮助孙文大兴革命之事的地点所在。“八方齐奏凯歌吟”

则在极力形容民主革命的风起云涌之势，这星星之火，必定可以燎原。

直到最后一句的“旌旗五色换新新”，更鲜明地和历史出人意料地符合在一起。革命之后，必当立国，而民国的国旗便是五色旗。所以这句诗也就指出了革命的最终胜利。

在下文中，步虚大师还指名道姓地提到了袁世凯的叛变，国民革命军的北伐等历史事件。而在整首预言诗的最后，步虚大师还提到了一个大同的世界。诗中写道：“世宇三分，有圣人出，玄色其冠，龙张其服，天地复明，处治万物，四海讴歌，荫受其福。”

此句一向被认为是整个预言的终结，以及人类历史的最终归宿。“世宇三分”是顶极大事，是乱世的表现，而终将会有圣人出现，黑色头发，黄色衣服——有人论述说这句是指黄色衣服的僧人。“天地复明，处治万物”指万物将由所表现出的善恶定功过，唯善者得福也。

其实，这个终极预言看起来更像是教人向善的一句劝善引言。毕竟，在预言诗的结尾处，步虚大师还写道：“茫茫天数本难知，惟在苍生感太虚。老僧不敢多饶舌，泄露天机恐被诛。”历史是何种走向，只有上天才知道。谁才是历史的主角，在剧终时方可真相大白。如步虚大师这般成仙得道之人也不敢过多泄露天机，世人何苦还非要从尚无定论的预言诗中去搜寻那杳不可得的命数呢！

《藏头诗》：唐朝预言家的游戏

《藏头诗》出自唐朝最伟大的预言家李淳风之口。和《推背图》不同且又有些相似的《藏头诗》，源自李淳风和太宗之间的一系列对话。在一问一答中，李淳风把后事将会发生的事情用一首首藏头诗展现出来，在给人无限遐想空间的同时，又避免了有泄露天机的风险。

时值贞观七年五月十九日，唐太宗李世民把李淳风召到殿中问道：“朕之天下，今稍定矣。卿深明易道，不知何人始丧我国家？以及我朝之后，登极者何人，得传者何代？卿为朕历历言之。”意思是说，当今大唐的天下已经平稳了，李世民的心中也自然不再愁虑会不会有叛军突起等事情。但居安思危，他想知道自己的江山能够坐多久，将来会是什么人颠覆掉大唐的社稷。李世民不禁在为自己的江山着想，更在为子孙后代的皇位着想。因而，他想要让李淳风能够把未来的状况讲给自己听，以便做到心中有数。

李淳风回答说：“欲知将来，当观已往，得贤者治，失贤者丧，此万世不易之道也。”这是一句很官方的回答，犹如蜻蜓点水一般，虽然看似是回答了皇上的问题，却永远都如隔靴搔痒，触及不到问题的实质。

太宗皇帝也不依不饶地说，既然你知晓术数之学，就可以往后推演我朝若干年，谁将来会亡国，国家又会被谁灭掉，一定早就有天数了。李世民说得很明白，他想要知道的是未来将要发生的事情，而不是以史为鉴可以知得失的教训。李淳风却回答说，这是天机，是不能够泄露的。

李世民又对李淳风说，在这里把天机说出来，除了天知地知你知我知之外，不会再有第三个人了。然而这依旧得到了李淳风的反对。无奈之下，李世民并没有在大殿里面强求李淳风回答自己的问题，他说：“如果你实在不想说的话，那么我也不会强求。你可以跟随我来。”说罢，他便带着李淳风来到了冷宫。冷宫中有一座高楼，二人拾级而上。

及到最高层之后，李世民开口说：“这里上不至天，下不至地，有什么不能泄露的天机可以在这里说的。”

李淳风一看，知道自己再没有托词的理由了，他先说道，能够乱了大唐朝政的人，已经在太宗的身边了。30 年之后，此人必定会杀尽李姓子孙，只是现在主上还不知道这个人如此危险而已。李世民忙问，此人是文臣还是武将，是否知道他的名字，如果知道的话现在就可以把他除掉。但李淳风摇摇头说："这一切都是天意，并不是人力所为。最后乱了大唐朝政的这个人年龄应该在 20 岁以上，今天若是把他杀了，上天必定会降灾到我朝，从而再派遣其他的猛将来人间，届时唐王室就将会更加危险了。"

太宗说道："既然天意如此，也不可强求。不知道卿是否可以描述一下这个人。"于是，李淳风就做了一首藏头诗，来描述这位将会颠覆大唐王朝的人。这首诗写道："其为人也，止戈不离身，两目'长'在空。"

通晓历史的人都知道，唐朝是被女皇武则天颠覆的，而她也早已经是太宗身边的嫔妃了。而"止戈"便为"武"字，这便是在预言灭唐的事件。

随后，太宗又问道："有没有人能够平定这一次的叛乱呢?"于是，话题就被引到了复唐这件事情上。

李淳风说："有文曲星下界，生于卖腐之家，后来为相，自能平之。"此人指的便是狄仁杰。在武则天当政时，狄仁杰以不畏权贵著称。狄仁杰出身于一个官宦之家，武则天当政期间身居宰相要位。正是狄仁杰的励精图治，才使得大唐的政治没有被武姓家族全部霸占掉。在武则天统治期间出现的盛世中，狄仁杰的功劳不可湮没。

当时，唐太宗又问道这个人到底姓甚名谁。李淳风依旧说是天机不可泄露。太宗追问说："等到此人平定了叛乱之后，能不能够给天下百姓带来一片盛世。"至此，李世民在确保了自己家族的江山社稷能够安然无恙之后，也同时在担心百姓能不能够安居乐业。但李淳风接下来的回答，却显得不那么合圣意。

他说："前二十四年可媲美于尧舜，后二十四年又有乱天下者。危而不危，一人大口，逢杨而生，遇郭而止。”这是说在玄宗即位后，天下可以太平 24 年，并且出现开元盛世的好局面。但之后的 24 年又会天下大乱，这便是闻名史册的安史之乱。安史之乱的最后平定，绝对和一个姓郭的人密不可分，他便是大将郭子仪。

之后，在太宗和李淳风的一问一答之后，李淳风把唐王朝的最后灭亡，以及宋、元、明、清等历朝历代的更迭都一一细数在内。并且，李淳风还提到，在现代文明产生之后，必将还会出现一个末世，其景状被描述为：“如此者六百年，后来出口，山内水鸡，始坏国家，于是人民惶惶，魔王生焉。人皆四目，牛无足，头生于背，尾生于口，而天下大乱。有口者曰妖，二口者曰魔，鼠生当阳，群魔尽焉。背上生子，腰中出手，天上无星辰，地下无山河，幸有向日之主出焉，贫者怜之，富者仰之，而人皆享福。当时二人一处生，二天不外走，大者须供，小者又要走。”

在此异象出现之后，李淳风还提到，天下并不会因此而乱成一团糟。此后的世界，必将在一乱一平的交替中度过。就像是任何有文字记载的历史一样，天下大势，分久必合，合久必分，这是历史的车辙辗出来的规律性，无从改变，也无法改变。尽管人人都期待一个美好的大同世界，但想要等来这个未来，需要的却是人人自我和谐意识的提升。这绝对不是一件容易做到的事情。

李淳风在为唐太宗预言这些事情的时候，归根结底又回到了他最初回答太宗问题的答案上，以史为鉴，远比猜测以后的历史走向要有意义得多。因而，在他看来，这么长的预言或许只是一场游戏，游戏中永远都不会有赢家和输家出现。

这才是历史的真相！

第七章
史上最伟大的预言大师——诺查丹玛斯

预言史上的奇葩

不论是东方还是西方，均有各自的预言书，在一点点地向人们展示着超自然的能力。在中国，《推背图》、《梅花诗》、《烧饼歌》等预言成功地命中了社会历史的变迁。而在西方，一提到预言，欧洲人的脑海中浮现出来的第一个词必定是由诺查丹玛斯写就的预言圣经——《诸世纪》。

长久以来，《诸世纪》中提到的预言被人们传得神乎其神，在近三四百年以来，人类历史的社会变迁都被这部预言书命中了。自从《诸世纪》面世以来，书中的只言片语都和后世发生的重大事件有着密切关联。这些事件包括：法国国王亨利二世之死、法国大革命的爆发、原子弹的研制成功、德国元首阿道夫·希特勒的崛起、美国总统肯尼迪刺杀案以及世贸中心大厦遇袭倒塌的“9·11”事件。

于是不禁有人要问，诺查丹玛斯真的像有些人说的那样，能洞察人类的命运和未来吗？

这个问题的答案一定出乎许多人的意料，事实确实如此，诺查丹玛斯的预言早就已经成为了历久不衰的话题。数百年的时间过去了，人们仍旧对他当初做出的预言保持着高涨的热情。并且，后世的不少学者以及预言家都曾经出书试图解读诺查丹玛斯的预言书《诸世纪》。据说，在西方，印刷和发行量第一的书籍是《圣经》，第二便是《诸世纪》。由此，便可以看出诺查丹玛斯在西方预言界的影响力了。

曾经有人做过一个调查，询问被调查者是否熟知诺查丹玛斯和他的《诸世纪》中的各种预言。本以为在新世纪，人们会保持着更加科学和开放的态度，没想到不少人的回答竟然完全一致，他们表示自己熟知《诸世纪》及其中的预言，甚至还有相当一部分人对预言了解得十分详细。他们不但能够说出预言的内容，更能够把整个预言的来龙去脉讲得清清楚楚，仿佛预言发生时他们就在旁边看着一样。

诺查丹玛斯预言流传之广、影响之大、讨论之热烈，是毋庸置疑的。

但也正是这个原因，诺查丹玛斯和他的《诸世纪》常常被人拿来作为宣传工具而加以利用。令人不可思议的是，“二战”期间，基于诺查丹玛斯预言的威慑力，英德双方纷纷投入了巨大的人力和物力去对《诸世纪》中的字句进行解读，以图从中寻找到克敌制胜的法则，或者单纯当做心理战和宣传战的最有力的工具。他们把解读出来的带有该方浓厚政治色彩的书籍和单页空投到敌人占领的区域，希望能够从内部瓦解对方的“堡垒”。

当时，在纳粹德国方面有一个军事头目叫做戈培尔。在德国向所有欧洲邻国开战后，德意志的铁蹄就踏碎了这个板块上的祥和。他们先后击败了比利时、荷兰，并迫使法国投降，又打了俄国一个猝不及防。在当时的欧洲大陆上，德国军队趾高气扬地走向了纳粹造就的巅峰时刻。

戈培尔是希特勒的一个得力助手，他主要负责意识形态方面的工作，也就是给占领区的居民进行洗脑教育。有一天，戈培尔发现夫人正在房间里面专心致志地阅读一本看起来十分神秘的书，这本书出版于几百年前，其中数次提到了一个名叫诺查丹玛斯的人提出的各种预言。

不忍心打扰妻子的戈培尔独自睡下了，但他却数次被读到兴奋处而不能自已的妻子给吵醒。在好奇心的驱使下，戈培尔决定要看看这本书究竟是一本什么样的神秘著作。于是，他便和妻子一起研究了起来，书中提到的预言内容让他随之大为震惊。他立即意识到，这将是一本旷古奇书。于是在第二天，戈培尔便请来了一位占星术士来帮着解读诺查丹玛斯的预言，从而利用解读出来的内容在欧洲战场展开了一场心理战。

这一措施收到了奇好的效果，为了全力抵抗德国军队的心理入侵，英军方面也开始投入人力对《诸世纪》进行解读，以充分做好反宣传的战斗准备。

一部预言书，能够引起决策层的关注，并被充分利用到战争中作为有力的“枪炮”实属罕见。诺查丹玛斯这样一个简单的历史预言，在引起了纳粹关注的同时，也使得英国的谍报机关花费了大量的资金去从事报复性反宣传，足可见其在预言史上独一无二的地位和价值。

诺查丹玛斯其人

诺查丹玛斯本名叫米歇尔·德·诺斯特达拉姆，人们所熟知的诺查丹玛斯只是他的一个化名而已。诺查丹玛斯于1503年生于法国普罗旺斯地区的一个犹太人的家庭中。但历史的演化总是出乎人们所料，在后世的传闻中，诺查丹玛斯被误传为出身于一个贵族家庭之中。他的祖父出身贫寒，但却和一位粮商的女儿喜结连理。借着妻子的推力，祖父也日渐发达起来，后来逐渐成为了这个小镇上有名的富翁。

多年后，这对恩爱的夫妇生下一个儿子。他们为其取名为儒姆，这便是诺查丹玛斯的父亲。儒姆也是一位有着些许传奇色彩的人物，他放弃了父亲留下来的殷实的家业，独自移居到了圣雷米，并在那里和一位医生的孙女尼艾尔结婚了。婚后，他在当地谋到了一份税官的工作，生活这才慢慢稳定下来。

值得一提的是，诺查丹玛斯一家的宗教信仰一直是个飘忽不定的问题。这家人曾经几次更换过自己的信仰，这也对诺查丹玛斯的成长造成了极大影响。作为犹太人，他们原本是应该信仰犹太教的，但当诺查丹玛斯长到八九岁的时候，全家人突然改信了天主教。不几年后，父母二人又转身皈依到了基督教的信教，在加入教会后，他们成为了彻彻底底的新教徒。

因而，诺查丹玛斯从小就受到了各种宗教文化的浸染，尤其是以犹太教和基督教神秘文学的影响最大。等到他长到十几岁的时候，他身上非凡的才能才逐渐显露出来。因为诺查丹玛斯所受到的教育主要来自于其祖父，且涉猎范围相当广泛，因而小小年纪的他竟然掌握了拉丁语、希腊语、希伯来语、数学，以及抽象的天体学和复杂的占星术。正是无所不包的学习方式才让诺查丹玛斯最终成长为一个无所不通的全才。

在祖父去世后，诺查丹玛斯被送往当时的宗教和教育中心阿维尼翁去学习。在读书期间，诺查丹玛斯对占星术表现出浓厚的兴趣，以及极高的天赋。在和同学们讨论占星术的过程中，诺查丹玛斯总是能够站在话题发起者的位置和角度，引导所有人沿着自己的思路一直走下去。

之后，他又改学了医学，在蒙彼利埃学习三年之后，轻松地取得了学士学位。并且在这里，他还结识了几位进步医学人士，正是在这几位前辈的引导下，才让他可以以更加科学的态度去看待之前被认为神秘不可测的人体。毕业后，诺查丹玛斯决定回到自己的故乡，用自己学到的医学知识去救助那些因为传染病而命悬一线的人们。

在诺查丹玛斯的一生，毁誉各占一半，但他在医学和占星术方面的造诣却少有人能赶得上。其实，在大学毕业后，他本想要留在学校继续深造，但他和进步医学人士一致的见解在保守的学院派中根本就没有立足之地，因此诺查丹玛斯在学校也树敌颇多。无奈之下，他只得开始自己赤脚医生的职业生涯。在大学里艰苦维持了一年的执教生涯，就这么草草地结束了。

在游医的过程中，诺查丹玛斯先后游走于洛林、威尼西亚、西西里等地，并因此而结识了不少药剂师，在相互交流的过程中使得他的医学水平有了进一步提高。当时，炭疽病非常流行，是当时人们闻之色变的一种疾病，一经传染，死亡率极高，恰如给人类带来巨大灾难的中世纪的黑死病一样。诺查丹玛斯冒着生命危险走街串巷去给受感染者治病，这让他获得了民间大量赞赏的声音。

1554 年 11 月，普罗旺斯发生了一场大洪水。洪水过后，各种传染疾病开始蔓延。诺查丹玛斯应当局的邀请而前往救援。面对生命危险，诺查丹玛斯完全把生死置之度外。也正是因为这一次的救援行动，使他在获得了极高声望的同时，更被人们称为“圣者”。

但是诺查丹玛斯最为后世所知的还是他的占星术和神秘预言。少年时代的诺查丹玛斯就对占星术表现出了浓厚的兴趣，借助着天体学的知识，诺查丹玛斯提出了地球围着太阳转的理论，这在当时被看做大逆不道的异端邪说。尤其是在神学笼罩下的欧洲，敢于这样做的人必定得不到好下场。后世的布鲁诺大胆地把这个学说公诸于众，他最后得到的下场便是最好的例证。

诺查丹玛斯的父母担心自己的儿子会被当成异教徒抓起来，于是只好送他到蒙彼利埃学习。但在学习以及随后游医的过程中，诺查丹玛斯对占星术的热情并没有减少。他对其投入了大量精力，并阅读了海量的相关书籍。

一直到晚年的时候，诺查丹玛斯才在沙隆定居。此时，他把大部分的精力都花费在研究占星术和撰写预言诗集《诸世纪》上。

诺查丹玛斯对占星术的热情给他惹来不少麻烦，他一度被当局认定为是异端分子，并且在长达 6 年的时间中浪迹在教会势力触及不到的地方，日子过得极为艰辛。后来，巴黎警方以妖言惑众的名义还对他进行过公开追缉，但这一切都没有阻断诺查丹玛斯对占星术的研究。

一直到现在，诺查丹玛斯也依旧是作为一个预言家和占星术士而被人们所熟知，并不是他赖以为生的医学。如此传奇的经历，促使着晚年的诺查丹玛斯不遗余力地要把自己凭借占星术而预知到的内容记录下来，这便是那部不可多得的预言书——《诸世纪》。

预言集引起的反响

诺查丹玛斯在1954年的11月又回到了萨朗，他依旧希望能够把这里当成自己永久定居的地方。不久，他便和一位富人的遗孀安努·蓬萨尔结婚了。直到今日，在普拉斯·德·拉·普瓦索努利的一角还能见到他们婚后居住过的那幢房舍。

婚后，诺查丹玛斯和妻子两个人确实过了一段安稳的日子，这恐怕也正是诺查丹玛斯一生之中少有的安静和平和了。也正是在这一段时间里，他因为不用在各地流浪而多出不少时间可以看书学习，并且研究自己真正感兴趣的东西——玄学。据推测，他的占星术在这一时期得到了跨越性的发展，并且也正是在这一段闲暇的日子里他才真正意识到自己超越常人的预言能力。

诺查丹玛斯把全部精力都放在了对玄学的研究以及著书立说上，几乎完全荒废了自己赖以为生的行医事业。从1550年开始，诺查丹玛斯每年都要亲自编制一套年历。从1554年开始，诺查丹玛斯开始陆续出版各种预言集。预言集受到了人们的追捧，这让诺查丹玛斯本人感到了些微的满足感。在巨大信心的鼓动下，他开始全心全意地投入预言工作中去了。

诺查丹玛斯把在萨朗的住宅改造了一下，他把最顶层的房屋变成了自己专门的研究室。每到夜间，他便在这里和各种各样与神秘的玄学有关的书籍做伴。这间研究室，也成为他制造自己预言的场所。有人传言说，诺查丹玛斯看书和任何人都不相同。他看完一本书之后，不是把书放回书架上，而是直接放进了火炉里面烧掉。也有人认为，作为一个学者，诺查丹玛斯这样做的可能性其实并不大。但如果是为了逃避教会的纠缠，诺查丹玛斯这样做不失为消灭行迹的最好的方法。毕竟，占星术在当时被认为是等同于巫术，是教会严格禁止的行为。

诺查丹玛斯的预言，并不全是自己的凭空想象。曾经于1547年在里昂出版过一本《神秘埃及》的书，这便是诺查丹玛斯所有灵感的源泉。在诺查丹玛斯写就的预言中，多次提到并引用了这本书中的段落。

据说，在1554年的时候，波努市长埃姆·姆·杰维尼曾经主动辞去了市长的职务而来到了诺查丹玛斯的家门口。他此行的目的是希望诺查丹玛斯能够收自己为弟子，从而教给他如何去研习占星术和天文学。由此可见，诺查丹玛斯的预言在当时社会上已经被许多人认可，而他再也不会以医生的形象出现了，他现在的唯一身份便是预言家和占星术士。

诺查丹玛斯的第一本预言集是在1555年完成的，他在本书中预言的时间跨度相当大，其从诺查丹玛斯本人生活的年代一直跨越数百年之后的世界末日。当时，诺查丹玛斯本打算写成1000首预言诗，从而编成十部预言集相继出版，这汇总起来便是当今依旧震惊世界的《诸世纪》。《诸世纪》的得名来自于预言诗集的形式，每一部预言集都是由100首自由体诗或者是四行诗写就的。但不知是何原因，诺查丹玛斯的第七部预言诗集并没有完稿。

在诺查丹玛斯死后，人们整理他的遗稿时发现，原来诺查丹玛斯其实还想要写就第十一部和第十二部预言诗集，但他还没来得及实现自己的这一愿望，就匆匆地离开了人间。

在这一整套的预言诗集中，其中有法语、普罗旺斯方言、意大利语、希腊语以及拉丁语等，并且写就的文体和遣词造句的方法也显得极为晦涩难懂。或许是为了逃避教会的迫害，诺查丹玛斯故意把预言诗的顺序打乱而没有按照时间顺序去编就。这也正是当今《诸世纪》一书被许多人诟病为并不是预言书的着眼点。

当他的第一部预言诗集公开出版之后，诺查丹玛斯的名声在法国甚至是整个欧洲迅速传播开来。在当时，书还是一种奢侈品，只有有钱的贵族们才能看得起书，普通平民则多半是文盲。在诺查丹玛斯出版的预言诗集中，因为预言中有当时的皇帝亨利二世的死亡，因而在上流社会引起了一片骚动。

在诺查丹玛斯去世后，他的学生杰维尼曾经对整理和编纂诺查丹玛斯的预言诗集做出了巨大的努力。虽然杰维尼有时会过于夸张老师和他自己之间的关系，但若是没有这个学生的帮忙，恐怕现在流传的《诸世纪》将会缺少很大一部分内容。

预言圣经

在西方，《诸世纪》被称之为“预言圣经”，这部书也正是诺查丹玛斯最为令人缅怀和敬仰的伟大贡献。

凭借着在预言方面的天才表现和对占星术的娴熟应用，诺查丹玛斯很快就成为当时社会上十分有名望的人，整个法国都开始对他仰慕有加，甚至连国王亨利二世都曾经把他请进宫内以预测国家的祸福吉凶。

名望给他的生活带来许多便利，但这样的日子只持续了 5 年的时间。之后，诺查丹玛斯觉得自己应该为后世的子孙留下一些东西，于是他就离开了宫廷来到沙隆，在这里用了 4 年的时间潜心完成了预言名著《诸世纪》。

《诸世纪》是以中世纪的占星术为写作基础的，其又名《百诗集》，是诸查丹玛斯以四行诗的方式写作的一本预言集。全书一共分为12卷，每卷收录有100篇左右的四句诗。在多达千篇的预言诗中，有许多诗写得具有浓厚的神秘感，并且读起来晦涩难懂，常人想要理解着实需要下一番工夫。但也正是基于此，后世的人们才更愿意花费大量的气力去解读诗中的词语，并把其与后来发生的各种历史时间结合起来，从中寻找到预言的灵验之处。

这一方法，屡试不爽。

从整本书来看，《诸世纪》的内容显得异常庞杂且相当混乱。有传言说，这是因为早期印刷发行的时候版本不同而导致的；也有人说这是诸查丹玛斯本人在故弄玄虚以给人们制造一种假象，从而增加自身的神秘感。不管怎么说，《诸世纪》在出版发行后，诸查丹玛斯做出的预言便开始风行整个欧洲。尤其是在其准确预言了国王亨利二世的死亡之后，人们对诸查丹玛斯的崇拜更是达到了顶峰。《诸世纪》中做出的各种预言人们都深信不疑，整个欧洲都为此而产生很大反响。

在诸查丹玛斯去世后的400年时间里，他写就的这本预言经典书《诸世纪》再版的次数仅次于宗教圣典《圣经》。但与《圣经》相比，致力于解读《诸世纪》这本书的人要远远超过前者。而且，在这些解读者中，更多的是赞成和信仰者。在后世解读诸查丹玛斯写就的预言密码的过程中，人们声称诸查丹玛斯准确无误地预言了诸多事件，甚至是历史发展的走向和趋势。如飞机上天、汽车出现、原子弹爆炸、法国大革命的胜利、希特勒崛起等事件，这些全都成为了诸查丹玛斯预言的对象。

然而，任何事情都不是只有赞美声的。

对诸查丹玛斯以及《诸世纪》持有怀疑和批评态度的也同样大有人在。他们认为，后世许多诸查丹玛斯的信仰者和《诸世纪》的解读者在研究的过程中，对这本书中的内容随意地增加、删除、重排词语，甚至还会有意无意地歪解许多字词，对象征、比喻的内容也横加解释而不考虑任何客观因素。批评者十分尖锐地指出，诺查丹玛斯的信仰者完全是凭借着主观臆断来把《诸世纪》这本诗集和后世发生的历史事件联系起来的，这样主观猜想是很难令人信服的。

批评者所有的矛头都指向了后世的误解，而不是诺查丹玛斯本人以及他的《诸世纪》。他们认为，《诸世纪》之所以会成为一本预言书，完全是后人的穿凿附会，而不是诺查丹玛斯占星术的成功运用。

但时至今日，《诸世纪》预言的影响至今仍旧十分显著。全球性污染、温室效应、厄尔尼诺现象及印尼海啸等重大事件，都有人声称在这本“预言圣经”中找到了先迹。

然而，诺查丹玛斯最后的预言——人类的灭绝，至今尚未实现。也没有人敢于全面否定这个预言的真实性，这也正是《诸世纪》至今仍保持着神秘性的原因之一。

诺查丹玛斯的预言

究竟诺查丹玛斯在《诸世纪》一书中做出过哪些令后世震惊的预言呢？那些已经发生了和尚未发生的预言，依旧在困扰着后世的人们对这部预言经典书不遗余力地进行各种各样的解读。

最为有趣的一个预言，是诺查丹玛斯预测自己的死亡。

在诺查丹玛斯人生的最后时光中，他或许是意识到自己不会活太长的时间了，便在弥留的时候留下一个预言。他对前来看望他的朋友们说：“我再也不会活着见到你了，很快我就会僵硬地躺在椅子与床之间。”当时，所有的人都认为这是诺查丹玛斯迷迷糊糊说的胡话，谁知在第二天早晨，人们便发现了他已经僵硬的遗体。就像他给自己下的预言一样，连死去的姿态都丝毫不差。

令诺查丹玛斯一炮而红的预言，是他准确说出了当时法国国王亨利二世的死亡讯息。在《诸世纪》中，有一首诗写道：

> 年轻的狮子将战胜年老的，
> 在一场单对单的战斗里，
> 他将刺破金笼中的双目，
> 两个伤口合成一个，
> 他死于残酷的死亡。

在当时欧洲的传统价值观里，常常用狮子来形容国王或者贵族，因而这个预言一出现就被人们认定是对国王的命运的推测。甚至还有人公开声明说，这首诗明显指出国王最后是死于决斗。

4 年之后的 1559 年，亨利二世在一个婚宴上与一名年轻贵族击枪为乐。不料意外发生，折断的枪头刺穿了亨利二世坚固的头盔而深陷在他的眼睛中。最后，亨利二世在极度痛苦中死去了。

诺查丹玛斯的预言很明显是成功的，但不少人却因此而对他表达了强烈的谴责。好在更多的人只是表示了震惊，而没有做出其他意料之外的行动。

另一个震惊世人的预言，是诺查丹玛斯针对法国大革命做出的一个精准推测。他在这则预言中明确点出了路易十六的命运，这首诗是这样写的：

> 贪享安逸，原本得到的江山，
> 却因过分的宽容和怠慢，
> 在瞬间被夸大轻信那看起来忠实的妻子，
> 慈悲之心只能把她送上绝路。

从诗文的表面意思来看，这只是在描写一个软弱无能只懂得听从妻子枕边风的丈夫形象，纵然他身上有着慈悲和善良等人性的光辉，最终也只会变成最大的笑点。这一角色，非路易十六莫属。路易十六登基之后，所有的朝政决定都被来自于奥地利的皇后玛丽·安托瓦内特所左右。但其实，皇后根本就不懂得朝政，她只会在奢华的宫廷里面化妆、开舞会、装修别墅、布置花园。在她的如此挥霍下，法国政府早就陷入了财政危机。之后一系列的改革措施也都没有起到好的成效。

法国大革命之后，两个人被纷纷送上了断头台。诺查丹玛斯写的这首预言诗，纤毫毕现地把两个人的性格描写了出来，让人不得不佩服他的预言能力。

此外，诺查丹玛斯还成功预言了拿破仑在西班牙的失败。当拿破仑成功当政后，他带领着攻无不克的法国军队南征北战，一时间几乎整个欧洲都要臣服在他的脚下。趁着西班牙内乱，拿破仑率军对此地展开了最强的攻势。然而诺查丹玛斯在《诸世纪》中却并不看好这一次的进攻，他写道：

军旗摇撼在西班牙的内地，

呐喊的队伍一角的边境传来，

纷争通过了勒尼桥的附近，

军团被群众击退。

19世纪初，正是法国大革命的浪潮逐渐波及开来的时节。西班牙内部也发生了暴乱，人们开始唾弃并反对当时的国王，以求能够建立起一种新的政治形势。拿破仑看准了时机，率兵开始进军这个邻国。本着美好愿想的拿破仑最终却遭到了西班牙人的集体反对，在民族情结的带动下，他们根本就不需要外人假借帮助的名号而驻军西班牙的国土。之后，英国也介入了西班牙的争端中。当时，英军已经成功占领了葡萄牙，他们在一边煽风点火，极力鼓吹西班牙的民族复仇风，西班牙人终于团结起来拿起武器将拿破仑赶回了老家。

这一次的失败，是拿破仑政治生涯中挥之不去的阴影，同时也是拿破仑帝国由盛转衰的重大标志。在《诸世纪》中的诗句里，“勒尼桥”正是西班牙的一个地名，并且整个战争的转折点就是在这里发生的。

诺查丹玛斯在书中也没有放过他们的老对手——英国。英国和法国一直在角逐欧洲大陆的霸主地位，甚至在海外也在暗地里开展着殖民地竞赛。诺查丹玛斯甚至在诗中还对法国的夙敌做出了一番诅咒：

王族的领导者不得已也俯身低头，
口中喷出鲜血，血流如注。
英国国教的支配者让王国喘息，
如被砍断的树枝失去生命力在突尼斯苟延残喘。

在“二战”中，英国唯一比法国好一点的地方在于它并没有被德军占领，但却没有避免因此而受到德国军队的轰炸，整个英国的工业设施都受到了重创，国民经济的基础已经摇摇欲坠。虽然最后在美国的帮助下打败了侵略者，日不落帝国的名号却再也回不来了。

“二战”后，英国在海外的殖民地相继宣布独立，这个曾经称霸世界的帝国难以摆脱衰落的命运。诺查丹玛斯的预言诗，正是预示着日不落帝国的衰亡。诗中竭尽全力描写了失去了往日风采的英国在领导者的苦力维系下，也终究难以逃脱走下坡路的命运。正如预言书中所说的“如被砍断的树枝失去生命力在突尼斯苟延残喘”。

这些都是已经被验证了的诺查丹玛斯预言，在令人感到惊讶的同时，更有许多尚未验证且无人知道何时会发生的预言存在于《诸世纪》一书中。它们一直在沉睡着，在等待合适的时机苏醒过来。

著名的10个世纪预言

诸查丹玛斯和《诸世纪》中提到的预言有很多，甚至关系到人类历史的时间也不胜枚举。

1. 法国大革命

诸查丹玛斯最为著名的预言便是在1555年爆发的法国大革命。在大革命时期，迷信的士兵们将他的墓掘开，把遗骨埋到萨朗的另外一个教会里，这就是圣·罗兰教会。如今人们若是去那里的话，仍可以看到诸查丹玛斯的墓及其肖像。在诸查丹玛斯写就的预言诗集中，提到法国大革命的句段中写道：

受奴役者放声歌唱吧

怒吼出苦难的心声

王侯贵族被投入牢狱

无头的狂徒

祈祷吧末日即将到来

法国大革命的结果是平民最终夺取了政权，封建的王权被推翻，路易十六被送上了断头台。“被奴役的人民”终于推翻“无头的狂徒”的统治。而路易十六是被斩掉脑袋的，因而也完全契合“无头”的描述。

2. 伦敦大火案

《诸世纪》中写道：

正义的之靴在伦敦铸下大错

大火点亮了夜晚

古老的城市一下子便从高台落下

几个同派人被杀

据传，这次大火是由一家面包房引起的，燃烧了整整三天。当时的记载中，只有6人死亡，这场大火从而被认定是最不可思议的一件事情。但如果有人能够提前阅读过诺查丹玛斯和他的预言诗集，这样的灾难或许本可以避免的。

3. 戴安娜王妃之死

和其他的预言不同，在这一次的预言中，诺查丹玛斯直接提到了被预言人的名字和事情发生的时间。诗中写道：

跟先知名字同一的人其幼子将会
给戴安娜【星期四】的安息日
因为头脑不清他随处游荡

戴安娜王妃的男友的父亲的名字叫穆罕默德，这和“先知”的名字正好相同。而书中确切地出现了“戴安娜”的名字，着实罕见，由此也可以推断出这件事情在预言史和人类历史上的重大意义。只是在时间上，戴安娜王妃过世的日子是个周末，而下葬的日期是星期六。除此之外，诺查丹玛斯这则预言相当准确。

4. 卡特里娜飓风

《诸世纪》中这样写道：

图尔市、奥尔良、布罗瓦、昂热、兰斯还有南特这些城市
都被突如其来的剧变所困扰
来自国外的帐篷会铺天盖地
河流冲向雷恩，大陆与海都在颤抖

“大陆与海都在颤抖”被认定是对飓风造成的影响的最具有直观性的描写。“来自国外的帐篷会铺天盖地”则是指全世界各地的救援人员都来到了这里聚集。唯一尚不明确的一点是在第一句中提到的诸多城市的名称，起初人们认定这场灾难的发生地应该是在法国。如果这则预言预测的不是卡特里娜飓风的话，那么这则恐怖的预言就还在继续着自己

的使命。

5. 肯尼迪遇刺事件

诺查丹玛斯这样写道：

在白昼伟人被雷击中倒下

一封请愿书预示着恶行

根据预言，还有伟人在深夜倒下

兰斯、伦敦的冲突还有托斯卡纳的瘟疫

“被雷击中”和“枪杀”在概念上有着很大的相似性。而“在白昼伟人被雷击中倒下”，意指的便是圣·约翰肯·F. 尼迪；后一句的“还有伟人在深夜倒下”便是鲍勃·肯尼迪，只是这已经是发生在5年之后的事情了。而困扰人们的事情是，“兰斯”、“伦敦”还有“托斯卡纳”又指的是什么呢？

6. 巴斯德在医学上的伟大成就

这则预言提到的事情或许并没有其他预言具有更大的分量，但能够把预言的内容触及到如此专业的领域，这在历史上也绝对是少见的。诺查丹玛斯写道：

藏匿几个世纪终于发现失去的东西，

巴斯德被世人如上帝般的人物所敬重

就在月亮月圆之时

但是谣言又会使他蒙羞

像是许多国外的姓氏一样，巴斯德在过去暗指的是某种专业，在法国其代表着“牧师”的可能性非常大。因而，许多人认为诺查丹玛斯的这首预言诗和某一位古老的牧师有关，也有人则认为巴斯德则是一种留言或者警示。而巴斯德本人则研究出微生物的衰变，并且还制造了抗腐败牛奶以及发现了狂犬疫苗。他理应受到世人的敬重。美国学者麦克·哈特所著的《影响人类历史进程的100名人排行榜》中，巴斯德名列第11位，可见其在人类历史上巨大的影响力。

7. 原子弹大爆炸

诺查丹玛斯是这样描述这一历史性事件的：

门前，在两座城市间
这会有前所未有的苦难降临
饥荒伴随着瘟疫，人们用钢铁灭火
向伟大的上帝哭诉期望得到救济

几乎毫无争议地所有人都认为这是在描写美国在日本的广岛和长崎引爆了两颗原子弹的事情。“前所未有的苦难降临”，人们“向伟大的上帝哭诉期望得到救济”，这是对当时原子弹爆炸之后最精确的描写。但是一些批评家们却说在这首预言诗中，缺少足够的细节描写，因为它可以被用来当成任何一场战争的代名词。这些战争可以发生在过去、现在和未来。毕竟，只要战火燃烧起来，受苦难的永远都是祈求上帝怜悯的百姓。

8. 第二次世界大战和希特勒

《诸世纪》不但提到了人类历史上的最重要的一次战争，更提到了这次战争的始作俑者。原文写道：

伟人在亚非两洲
据说他们来自莱茵河和多瑙河下游
哭泣，撕碎了马其他和利古里亚
还有来自西欧深处的
一位小男孩出生在穷苦人家
他将会利用他的演说指导一支伟大的军队
他也会在东方王国名声大噪

单单从描述中，就可以感受到希特勒的出现已经给“二战”所带来的恐惧感。而原文中还出现了“Hister”，通常意义上后世研究诺查丹玛斯及其预言的人都会把这个词看成是“希特勒”的变种拼写。在整个20世纪，不论是对于东方还是西方来说，希特勒都是不容抹去的一个名字，因而才会出现“他也会在东方王国名声大噪”的诗句。这恰恰是对希特勒的一种暗讽。

9.“9·11”事件

进入了21世纪后，最令人触目惊心的一件事情非“9·11”莫属了。诗中写道：

源于地之心的惊天动地之火
使新城颤抖不止
战争带来的两个灾难会持续很长时间
到时阿瑞梭莎在新河也会脸红

阿瑞梭莎是古希腊神话里一位住在山林里的仙女，因为不愿意接受河神的追求逃跑。后来月神因怜悯其处境，又感于情况的急迫，遂助她化为泉水，以摆脱河神的纠缠。“两个灾难”应该就是双子塔，而西方国家一向被美国视之为“新城”。而阿瑞梭莎的脸红，可象征着矗立在纽约城不远处的自由女神像的蒙羞。虽然在中世纪，诺查丹玛斯完全想象不到现代化的纽约城会是何种模样，但在这则预言的描述中，这种世纪劫难所带来的影响绝非是一朝一夕之间便可以消除的。

10. 世界末日

其实，诺查丹玛斯并没有明确地写过有关于世界末日的预言。但他却鲜明地指出，自己的预言只能写到3797年之前，这是否就意味着过了这一年份，就会走到人类社会的终结？究竟未来是否是世界末日，恐怕只有时间能够告诉人们真相了。

9·11 和世界末日的预言

不论是在东方还是在西方，都存在着一个类似的预言模式：一般先是要从各种莫名其妙的灾难和厄运开始，之后只有那些在这场灾难中存活下来的人们，才能够有机会见证到一个更加美好的未来。

而在西方的预言中，还存在着不少末日论，他们预言的灾难在降临之后，即便人类极力忍受着无休止的痛楚，很可能也见证不到希望的曙光。一个灾难结束之后，还会有另一个更大的灾难紧接着降临，一直持续到世界的尽头，无休无止。这便是人们常说的末日大审判。

诺查丹玛斯也没有逃出这一悲观预言的圈套。《诸世纪》同样对世界末日做出了猜想，就像玛雅预言一样，诺查丹玛斯也有自己独特的对于世界末日的看法。在《诸世纪》中有一首诗写道：

1999 年，7 月，
恐怖的大王从天而降，
致使安哥鲁靡阿大王为之复活，
前后由马尔斯借幸福之名统治四方。

最开始的时候，人们认为这是诺查丹玛斯做出的世纪末的末日大预言，以预示着人们根本就不可能平安地走过千禧年。然而，现如今看来，2000 年早已经是个十分遥远的年份了，这一预言也就不攻自破。

但在之后的新世纪，人类过得好像并不太平。

最难忘的是 2001 年的 9 月 11 日，这一天对于所有的美国人民来说都是一场巨大无比的灾难，“9·11”事件在美国人心中留下的阴影是难以用时间来抹除的。也正是这一场恐怖袭击，使得诺查丹玛斯和《诸世纪》预言诗集再一次走进人们的视野。

许多诺查丹玛斯的追随者发表言论说，诺查丹玛斯之前早就预见到了纽约城及世贸中心的灾难。他在一些诗文中提到了“新城”将会遭到袭击，“空中的山峦”会崩塌。而在西方世界，美国向来被称作“新城”，“空中的山峦”的指代意思也非常明显。更有说法以《诸世纪》中的诗文更为详细地解读了“9·11”事件的必然性：

在上帝之城将有雷声轰鸣，
两兄弟被混乱毁灭，
碉堡苦苦挣扎，伟大的领袖却就此屈服。
大都会一旦燃烧，第三次大战就将爆发。

按照现在的理解，“两兄弟”指的必然是世贸大楼的双子座；“碉堡”暗指的意思很可能是五角大楼。在这场恐怖袭击中，五角大楼本是恐怖分子的撞击目标，后来却非常幸运地躲过了本属于它的袭击；“伟大的领袖”却把矛头直接指向了美国总统；“大都会”无疑就是纽约城。

在这之后，另外有一些关于诺查丹玛斯的预言也出现在人们的视野中，其中有一则直接提到了“铁鸟”将会闯入“两座高大的雕像”之中；另一则则提到了“约克城”，这也就是当今的纽约城。

除此之外，流传更广泛的一种说法建立在这首诗的基础上：

新千年的九月，
恐怖的大王从天而降。
四十五度上空将会燃烧。
火焰蔓延到伟大的新城。

然而却有人出来证明说此诗并非是诺查丹玛斯的预言诗，而是一首伪作，是由后人从他的预言诗集中把不同字句摘出来拼凑而成的。拼凑成这首诗的两首预言诗分别为：

一九九九年七月，

恐怖的大王从天而降。

致使安哥鲁靡阿大王为之复活，

在其前后的期间，马尔斯在幸福之名下统治。

第二首诗由以下几句构成：

四十五度上空将会燃烧，

火焰蔓延到伟大的新城，

扩散的火焰顷刻间冒起，

那时正有人想要获得诺曼底人民的证实。

不论如何，所有的诺查丹玛斯迷们都认为他在《诸世纪》以及这两首预言诗中对“9·11”事件作出了明确的预言。解读者说，诗中关于火焰和空袭的描述和“9·11”事件发生时的场景一模一样，甚至连纽约城位于北纬45度线上的推断都如此准确。而且，彼此的日记也相差不远，年份的差异完全可以用数百年来计算方式的不同来解释清楚。而在诗中提到的那个大魔头，在经过字母的重新排列组合之后，便会得出一个惊人的名字——本·拉登，也就是这场恐怖袭击的罪魁祸首。

虽然很多人不认同这种说法，认为其完全是牵强附会，但这却丝毫影响不到人们对诺查丹玛斯预言的痴迷。尤其是《诸世纪》中写到的末日场景，更让那些怀有末日论的人们开始惶惶不可终日。在《诸世纪》第5章第26篇这样记载了世界末日的图景：

灾难惨祸接二连三，

当大世纪更新循环，

雨血牛奶饥饿疾病战乱，

巨物吐着火焰漫天盘旋。

诗中的意思已经很明显了，在世纪之交后，人们必将面临着一场大劫难。第三句的“雨血牛奶饥饿疾病战乱”是在描述这种灾难中人们的惨状。而最后一句却无法知晓是在预示着人类为了争夺资源的自我战争，还是启示末日场景。

如此，再结合玛雅人提出的地球磁极逆转、宇宙粒子入侵、超级火山喷发等恐怖预言，关于尚未到来的末日，没有人敢于过早地下论断。人们所能够做的事情只是慢慢地等待，以期历尽天劫，迎来黎明的曙光。

预言王妃及子女的命运

1556 年 7 月 14 日，诺查丹玛斯应卡特琳娜·德·梅迪西斯王妃邀请来到了巴黎。这趟原本需要 8 周时间的旅程在皇族的安排下，只花去了诺查丹玛斯一个月的时间。到达巴黎之后，诺查丹玛斯在圣米谢尔的一处旅店找到了住处，然而王妃却恨不得能够马上见到这位预言大师。

于是，诺查丹玛斯还没有完全从旅途的劳顿中休息过来，第二天一大早他便被急召进了皇宫。在警察署长的带领下，诺查丹玛斯接受了皇室的召见。据悉，诺查丹玛斯和王妃之间历经了一场长达两个半小时的谈话。只是遗憾的是，这场具有历史性意义的谈话却没有任何文字记录记载下来。当时有消息称，王妃向诺查丹玛斯询问了他曾经预言国王之死的四行诗究竟是怎么回事，而诺查丹玛斯的回答很明显得到了王妃的满意。

又有人透露说，直到卡特琳娜王妃死的时候，她也是对诺查丹玛斯的预言深信不疑的。但国王亨利二世显然并不这么想。在这次极为短暂的接见中，国王只是象征性地赏赐给诺查丹玛斯 100 个金币，王妃后来又给诺查丹玛斯追加了 30 枚金币。对于诺查丹玛斯来说，这点赏赐实在过于吝啬。因为他从家乡来到皇宫的花费，就整整耗去了他 100 个金币。唯一让他心里感到舒适一点的事情是，他被安排从小旅馆转移到了大主教的豪华卧室。

诺查丹玛斯一共逗留了两个星期的时间，在这期间，他会见了许多慕名的来访者，并且用自己的预言能力以及占星术为这些来访者做出了一些建设性的忠告。

在上一次召见之后，王妃又一次秘密地召见了诺查丹玛斯，这一次她希望诺查丹玛斯能够对自己的 7 个孩子的命运做出占卜。这看似并不是一件困难的事情，但任何事情发生在王室身上，需要考虑的就不仅仅是占卜这么简单了。其实，在诺查丹玛斯已经出版的预言诗集中，他早就对这王妃的几个孩子的命运做出了一番推测，并且还揭示了他们悲剧性的命运。但面对卡特琳娜王妃的追问，诺查丹玛斯也只得再一次占卜并说道："您的儿子都能成为君王。"

在这则预言中，除了一位叫做弗朗索瓦的王裔在继承王位之前意外地离开了人世，其他几人都曾经在君主的宝座上落座过。甚至亨利三世在登上法国王位的宝座之前，一度还曾经是波兰的国王。

但王室的召见并没有给诺查丹玛斯带来好运。诺查丹玛斯受到了巴黎警方的追查，理由是他公开地妖言惑众。为了避免牢狱之灾，诺查丹玛斯不得不连夜赶回萨朗。和在巴黎的待遇相反的是，萨朗的民众把诺查丹玛斯当成名士一般欢迎他的归来。

只是回到故里之后，诺查丹玛斯的关节炎和痛风变得越来越严重，这让他根本就没有办法静下心来继续写作自己的预言诗集。两年之后，诺查丹玛斯去世了，他的所有著作才得以公开出版。其实在此之前，诺查丹玛斯所做的预言已经被不少人在其他书中引用过了，这足以证明他的预言和书稿在出版之前就已经风行于世，只是鉴于当时宗教的压力而没有任何出版商敢于迈出这先行的一步而已。

诺查丹玛斯曾预言了国王亨利二世的驾崩，因而他对自己的预言在社会上流传这件事情并不敢大声声张。虽然最后的历史证明了他的预言的正确性，但当时诺查丹玛斯仍旧为自己的安全存在着不少担心。

除此之外，诺查丹玛斯还言中了苏格兰女王玛丽为王妃，以及弗朗索瓦二世去世的命运，他的预言诗甚至还被宫廷的内部人士拿来作为引用。诗中这样写道：

长子，

不幸的婚姻无后的寡妇

二岛纷争

十八青春未成人

更有少年将成婚

弗朗索瓦二世是前任国王亨利二世的长子，在他即将满 18 岁的前 6 个星期，他的妻子便告别了人世间。当时，苏格兰女王玛丽正在法国访问。当她回到了自己的故乡后，这两个国家便产生了不合。而弗朗索瓦的弟子聂尔年仅 11 岁便与奥地利的伊丽莎白结成婚约。

这些事实都被诺查丹玛斯囊括在了预言中。此外，诺查丹玛斯和王妃卡特琳娜之间还有另外一次会面。当时，摄政掌权的卡特琳娜王妃正在全法国巡游，当她来到普罗旺斯的时候，便在萨朗召见了诺查丹玛斯，两个人还曾经一同进餐。之后，卡特琳娜亲自到诺查丹玛斯的家中进行了拜访，并对诺查丹玛斯的子女们表达了由衷的赞誉。当她离开时，还大方地留给了诺查丹玛斯一家人 300 枚金币作为奖赏，并授予了他常任侍医的职衔。这一职衔，不但意味着诺查丹玛斯可以按时从国家财政部门领取到一定的薪金，同时还享着更多金钱之外和权力纵横交织的事情。

而在卡特琳娜访问萨朗的时候，当时还流传着一件别有趣味的事情。据说，在王妃的随从中有一位少年，诺查丹玛斯希望能看一看少年身上的痣，少年因为害羞而没有答应。第二天早上，诺查丹玛斯趁少年还在熟睡的时候偷偷地看到了他身上的痣，之后他便预言说："这位少年未来将会成为法国的国王，尽管当时卡特琳娜尚有两位儿子健在。"而这位少年正是后来的亨利四世。

此后几年，诺查丹玛斯一直忍受着病痛的折磨，痛风逐渐引发了水肿，诺查丹玛斯终于意识到自己活不了太久的时间了。他在 1566 年 6 月 17 日写下了遗嘱，把自己全部的 3444 枚金币进行了合理的分配。7 月 1 日，诺查丹玛斯请来了当地的神父来为自己做最后的仪式。这天晚上，当他的学生杰维尼向他告辞时，诺查丹玛斯说："我再也不会活着见到你了。"第二天早晨，人们便发现了诺查丹玛斯早已经僵硬的遗体。

在诺查丹玛斯对自己的预言中，他提到自己"将会发现僵硬地躺在椅子与床之间"。至此，他用自己的一生见证了所做预言的准确性。死后，诺查丹玛斯被安葬在萨朗的方济会派教会的墙壁中，妻子安努用最精美的大理石为他立下了墓碑。

一个预言大师的时代，就此终结。

真实与质疑

诺查丹玛斯和他的《诸世纪》自问世以来，在受到了众人敬仰和崇拜的同时，也受尽了各种质疑。尤其是在新世纪，一方面出现了再版的《诸世纪》热卖的盛况，另一方面却更加受到学者们更严谨且更系统化的质疑。

究竟诺查丹玛斯的预言是真是假，反倒成为众口难调的一道菜，各说各自的道理，却谁也不能够最终战胜对方的理论。

在所有的质疑声中，基本的立足点在于，人们认为后世发生的历史时间和《诸世纪》诗集中的句子其实只是一种偶然的巧合，彼此之间并不存在必然联系。诺查丹玛斯和《诸世纪》能够风靡于世，真正的功劳要归咎于后世那些不遗余力去解读并把诗句和史实扯到一起的人们。正是因为他们创造性的阐释，才让《诸世纪》蒙上了一层神秘的面纱。

但诺查丹玛斯在写作《诸世纪》的时候，所用的叙述手法十分晦涩难懂，并且因为其中含有大量的隐喻，人们更愿意去相信诗句中的意象是另有所指，而不是单纯是诺查丹玛斯个人的臆想。如“饥饿凶残的野兽”、“伟大的人”和“铁笼”等词句，越是这些包含着隐喻成分的内容，越是吸引着人们的兴趣。

而且，诺查丹玛斯在写《诸世纪》的时候，用的语汇和词法都是中世纪的法语，许多词语难免有歧义。因而许多学者在研究《诸世纪》的时候，不单单是为诺查丹玛斯所惊讶，更是被他的写作方式以及字里行间透露出来的妙处所折服。

也正是因为这些特点，在后人解读《诸世纪》的时候，可以放开手脚去随意添加自己的理解，或者是删除认为没有必要的词句。如此有意无意地误读，以及对诗句中象征、比喻等手法的随意解读，使得这部预言书的真相更加扑朔迷离，以至于当今我们看到的《诸世纪》的译本很有可能已经和当初的原本相差十万八千里。

南辕北辙的解读，使得有可能原本不相关的诗句和史实，牵强附会地走到了一起，从而使得诺查丹玛斯的预言变得更加神秘。

而在《诸世纪》中千首左右的预言诗，其实并没有按照时间顺序来排列，更是在有意无意地规避时间点。以至于在诺查丹玛斯死后的400年时间里发生的任何事情，都可以从书中的任何诗句中寻找相关的切入点。想要在浩如烟海中寻找到彼此相合的二者，其实并不是什么难事。况且，在诺查丹玛斯所著的诗句中，大部分都提到了死亡、战争和灾祸，这就像是他所预言的事情在一遍遍重演一样，这也就不难说明为什么后世的学者们会对这本书的预言性质大加质疑。

从飞机上天、汽车出现、原子弹爆炸、希特勒崛起、第二次世界大战爆发、盟军诺曼底登陆、美国总统肯尼迪被刺杀以及所谓“9·11”恐怖袭击等重大的历史事件算起，当有人开始再次声称发现了《诸世纪》成功预言了某个历史事件时也不再是什么新闻。甚至有人开始发表言论称，诺查丹玛斯所有关于后世的预言都只是事后诸葛亮，因为从没有人在事情发生之前就根据《诸世纪》中的词句做出过准确判断。

此言论一出，支持和反对者马上站成了两派。

但历史上所有被成功验证的预言，都是在事情发生之后才会被世人所信服。因而，这条反对诺查丹玛斯的言论也站不住脚跟。单单凭借几句推论就想要彻底扳倒诺查丹玛斯和《诸世纪》在预言史上的地位，显然有些不自量力。

毕竟，所有的人都还对未来保持着一份未知和神秘感，尤其是那恐怖的世纪之劫，在没有发生之前，谁也无权去否定这条预言的成功或失败。

第八章
上苍的遗珠

巴西预言家朱瑟里诺

朱瑟里诺是巴西人，生于1960年的他是一位极为平实的市民。然而，在在世的预言家中，朱瑟里诺确实是不能被忽视掉的一位。他所做出的预言以及地球将要遭受的大灾祸发生之年、月、日，均有明确的指示，其次为了以后若有第三者想确认他预言的真假性，朱瑟里诺都会将他预言的事故之日期与内容，登录在公证事务所或国营邮局里，以方便对方查证。

朱瑟里诺自己说，他身上能够感知未来的能力源自于9岁。从1969年开始，他便每天都会做梦，有时一天会梦到三件尚未发生的事情，而有时也曾经梦到过旧事。他声称，这些未知的梦在不知不觉中闯进了他的脑海，并不是像有些人说的那样是他自己潜意识中的想象。

在朱瑟里诺19岁的时候，他得到了当时巴西最有名的预言家的指点，并且从此之后有关于世界性的灾难和末日等梦境开始频繁出现。而那位曾经指引过朱瑟里诺的预言家还曾经被两次提名为诺贝尔和平奖的候选人。在他的指引下，朱瑟里诺迄今为止所预言的事情已经超过了8万件。在这些预言中，不乏一些有着世界范围内影响的重大事情。

朱瑟里诺在1997年的时候，做出了一件看似疯狂不已的举动。他曾经给戴安娜王妃邮寄过一封警告书，他这样写道："我接到从上帝来的讯息告知，有人恶意设计让您发生车祸之阴谋，您的生命同时也会遭到危险，七位天使如此地告诉我。也许您会在这次车祸中丧生，但是专家们可能会把它当做驾驶失误而造成的撞车事故处理，可是他们都完全错误了。杀人凶手就在您附近……此暗杀事件可能于2000年到来之前发生。”很明显的是，这封书信并没有引起英国皇室的足够重视。

而戴安娜王妃之死，虽然是被当局定义为司机的酒后醉驾，但仍有人不愿意相信这是一起单纯的交通事故。不少人愿意秉持阴谋论的观点来解释这一事件，因而戴安娜王妃之死至今都可以算做一个谜团。

在这则预言中，朱瑟里诺并没有说明事情发生的具体时间和地点。但在他向英国皇室发出警告之前，朱瑟里诺曾经给当时的巴西总统写过一封信，信中提到了“1997 年到 1998 年戴安娜王妃会死亡”等字眼。但这一切预言，最终都没有成功阻止悲剧的发生。

21 世纪初，在美国发生了震惊世人的“9・11”事件。而其实，早在 10 多年之前，朱瑟里诺就曾经给美国总统和英国领事馆发出过警告书。这封警告书是在 1989 年 10 月 26 日寄出的，其也在公证事务所得到了公证。警告书中提到，世贸大楼会在 1993 年遭受到一次严重的攻击。1993 年 2 月 26 日，只是在一处停车场附近发生了爆炸案，并没有对世贸大楼造成损伤。但很显然，朱瑟里诺这一次失算了。或许正是因为这一次预言的失误，才让美国政府对他的预言失去了信任。

但这一封预言书中，朱瑟里诺其实预言了两次攻击，他提到的世贸大楼将会遭受的第二次攻击被鲜明地定在了 2001 年 9 月 11 日。与上次不同的是，这次的预言朱瑟里诺连日期都明确标注出来，可见他对此次预言的确定性。

更令人感到震惊的事情是，在这封预言书信中，朱瑟里诺还写道，在第二次恐怖袭击发生之后将会爆发阿富汗和伊拉克战争。并且，他还详细地提到伊拉克将会战败等。而现今回头去看，这些预言都一一地变成了现实。

在预言地球灾难上，朱瑟里诺也丝毫没有落后。他曾经准确预言了在苏门答腊岛上发生的大地震。最早的预言书发出日期是在 1996 年 9 月 16 日，他把此警告书寄给了印度大使，并鲜明地提到 2004 年 12 月

26日早晨将会在印尼地区发生8.9级的地震，印尼和印度两个地区将会遭受到10米高的海啸袭击。半年之后，朱瑟里诺又将此预言书寄给了印尼总统一份，他在书信中写道："我在梦中见到2004年12月26日早晨7点，南亚洲将会被8.9级之超大地震侵袭，同时也会引发10米高的海啸，波及范围将从印尼开始，印度、马来西亚、斯里兰卡、泰国、马尔代夫、孟买，更扩大到摩里西斯等地。而且一定会有一万人的生命被夺走。"印尼政府回复的公函写道："我们会将此内容传达给本国政府，如果还有其他情报追加的话，请勿吝惜通知。"

2004年12月26日发生的大灾难，造成的死亡人数已经超过了20万，并且当时出现的最大海啸浪高超过了30米。

朱瑟里诺做出的预言将地震海啸之规模、发生之年月日及时间，并且他还把全部详细内容通知会遭到波及的邻国，但是实际上他们都没有采取任何适当的预防措施。因而最终，这次的地震和海啸造成了最为悲惨的一幕。

此外，朱瑟里诺也做了一件所有预言家都会做的事情，他凭借自己的预知能力同样对世界末日的场景进行了一番描述。在朱瑟里诺的笔下，世界末日应该是这样的：

2014年，将会有慢慢接近地球的小行星有可能与地球发生相撞，此小行星的存在影响世界人类存灭之问题。

2015年11月中，地球的平均气温可能高达59摄氏度，会有很多人被热死，世界的大混乱也随之扩大。

2019年，各国政府和科学家会研究出以科学力量来解决灾难的方法。如果小行星和地球相撞，则会造成世界上1/3的人口会被毁灭。朱瑟里诺预言小行星会撞上地球的可能性约60%。

2025年，天文学家将会再次发现新的小行星，而且很有可能再度与地球相撞，相撞的可能性约80%。

2026 年 7 月，旧金山会发生超巨大地震，圣安德烈斯大断层会被破坏，加州会崩垮掉，很多火山口会重新开启，海啸的高度也会超过 150 米。

2043 年，世界人口大量减少，约有 80% 的人死于大劫难中。

朱瑟里诺给人类做出的最终警告是，如果人类依旧坚持着他们的本愿而继续麻木不仁的话，黑暗的未来就一定会降临。

盲人预言家万加·季米特洛娃

在保加利亚有一位盲人少女，她虽然双目失去了光明，但却凭着能够知晓过去、现在和未来的特异功能而成为一名超级先知。任何人在和她第一次接触的时候，她都能够预感到此人的死期。这个女孩子，名叫万加·季米特洛娃。

万加是一名出生于犹太家庭的有着漂亮的金发和美丽的蓝色大眼睛的小女孩。小时候的她，性格内向，总是喜欢坐在角落里一言不发地绣着花边。因为贫困，万加并没有上过几天学。为了生存，父亲每天都会让姐姐带着万加在一头牧羊犬的陪伴下去放羊。她们给牧羊犬起名叫波波，然而很多人并不知道，波波并不只是一条略通人性的牧羊犬，最起码在万加看来这条狗有着非同寻常的意义。万加感觉到自己似乎可以了解到波波的脑子里在想什么，甚至她还能够感知到大自然中并没有生命的石头说出话语。

万加常常坐在石头上冥思，这成为她最初的感知未来能力的起始。有一次，她在脑海中清楚地看到国境线那边家中的父亲；还有一次，她还看到邻居玛莎婶婶新过门的媳妇，生下了一个可爱的女孩，大人们替她取了个名字叫雅娜。

但还在为温饱问题而担心的一家人根本就没有把万加的话放在心上，他们认为在这块并不算大的地方上，万加一定是听到了别人的闲谈而误以为是自己看到的某种预知。并且，家人根本就不会相信自己的女儿能够有着如此超越常人的能力。但万加的这一特异功能却引起了她姐姐的注意。

有一次，姐姐在山中挑水却不小心摔了一跤。当时并不在姐姐身边的万加提前感知到了一切而一路狂奔过来。当姐姐问她是如何知道这件事情的时候，万加却笑着说她在脑子里把整件事情看得一清二楚。

转变始自万加13岁的时候。这一年，她害起了眼疾，眼睛先是奇痒无比，后来竟变得火辣辣生疼。起初，父亲还认为穷人家的孩子生的病不用去找医生，过一段日子自己就会好的，当他终于意识到再不给万加看病她可能一辈子都看不到光明时，已经一切都无济于事了。

两次失败的手术之后，万加的眼睛彻底瞎了。这样的遭遇也让她更加同情世界各地前来向自己求助的人们，不幸的遭遇不仅增加了她的同情心，同时还让她终于寻到了上天给她的另一份恩赐。

当万加被父亲带回家之后，她意外地发现了自己在心灵感应方面的能力大大提高了。每当一个人——不管是熟人还是陌生人出现在她面前的时候，万加的脑海中就像是过电影一样，把此人过去、现在和未来的种种迹象都能感知到。但此时，她并没有把这种能力告诉给家人，而是选择了默默地埋在自己心底。

直到有一天，她“看到”了父亲因为心力交瘁而染上了不治之症。两个星期之后的早晨4点钟，万加“看到”了父亲的死亡。她起初并不相信这一景象，然而当这一场景在脑海中多次重复出现并且图像越来越清晰的时候，万加才最终意识到了这一不幸的消息。最终，父亲在万加预言的那一天死去了，这也是她人生中第一次准确的预测。

万加的行为引起了当地人的轰动。甚至有许多外地来的陌生人跋涉千山万水要来找这位盲人女先知占卜未来。当然，这些人中也不乏对万加抱有怀疑态度的人。万加虽然看不见，但在脑海中却可以把这些人分得一清二楚。她说："能够帮助一些人是我最大的快乐。"因而，不论是信仰者还是怀疑者，她都会尽自己最大的能力前去帮助对方。根据日后保加利亚国立的索非亚暗示学和特异心理学研究及其领导的佩特里其分院 30 多位科学家联合调查报告的数字表明，万加预言的准确率达到 80% 以上。

而每天上午第一个找万加做预言的人，往往能够得到最为准确的预言。万加说："这些幻觉是突然涌现的，完全是自生自灭。"也正是在这个时候，她脑海的图像会达到一天中最清晰的水准。随着求测者越来越多，万加说她能够感受到的磁场所受到的干扰也就越来越多，因而预言的准确率就会大幅度下降。时间一长，她还会出现力不从心的状况，此时她只好停止预测而休息一段时间。正是长时间超负荷的预测，使得她的体质日趋下降。

1941 年夏天，万加忽然告知家人：她不久将会结婚。"夏天过去以后，会有一个穿军装的男人，从保加利亚来到这儿，他就是以后我生活中的丈夫。"没有人会真的认为有人愿意娶一个瞎子为妻。但在秋天的时候，一位叫做季米特里·格奥耳格耶夫的年轻军人专程来请万加用她那神奇的本领，指出杀死他哥哥的凶手。万加早已经在脑海中看到了一切事实的真相。她告诉这个小伙子，杀死他哥哥的两个人，一个外号叫做眼镜蛇，一个叫做臭鱼，他们是在两年前对他的哥哥谋财害命的。

当季米特里·格奥耳格耶夫希望万加告诉他凶手在什么地方以便亲自去报仇的时候，万加拒绝了对方的请求。在万加看来，这一切理应由法律去裁决，而不是凭借个人的恩怨最终酿成冤冤相报。并且，万加还知道，这个人便是自己将来的丈夫，她更不想他因为莽撞的报仇行为而受到伤害。

随后，她告诉了他，这两名歹徒将会在最近相继死去。一个死于莫名其妙的斗殴，一个死于暴病。此后发生的事情和万加所说不差分毫，而这名年轻的军人也因此深深地爱上了她。两个人最终走到了一起，万加也因此而成为一名保加利亚公民。

万加的拿手好戏，是她能预言几十年后发生的事。她所预测的死期，后来差不多都成了事实。她曾经伤感地说："我感到最大的遗憾是，我越了解别人的生活，我就会看到他们死亡的日子。我甚至预见到我丈夫的死亡日期，尽管他当时只有30多岁。我也看到了，却无法挽救他。他是一个好人，可惜成了一个酒鬼。我担心他酗酒的原因是，数以百计找我预言的人坚持要同我单独谈话。他死于1956年4月7日，与我预见的日期完全一样。我从这一天开始，就只穿黑色衣服。"

而万加从来没有作出过任何一次有关政治方面的预测。人们认为这也是她能够躲过法西斯迫害的原因所在。在万加所做的预言中，基本都是和每个求测者息息相关的事情，没有末日预言，也没有世纪灾难，只有家长里短的看似微不足道的小事情。但正是这些小事情让万加赢得了主流政治之外的民间团体的关注，更取得了她终生都为之服务的普通百姓的认可和尊重。

这，或许才是对万加预知能力的最好赞美。

为罗斯福占卜的女预言家

富兰克林·罗斯福是美国第32届总统，是美国历史上唯一被三次选举为总统的人。人们从没有想过，在这个世界上还存在着一位为罗斯福占卜的女预言家。

1944 年 11 月，这是看似最平常的一个上午。珍妮·迪克逊在她自己的公寓里接到了一个电话，在确定了接电话的人正是珍妮·迪克逊本人之后，对方说道："我是替总统打电话给你。我们听到很多关于你的事情，总统很乐于同你谈一次话。下周四的早上 11 点钟后，你有空吗?"珍妮从没有想到自己会受到总统的接见，她当然非常乐意地接受了总统的邀请。第二个周四的清晨，珍妮正在收拾行装，她又接到了总统办公室打来的电话以提醒她和总统的约见。

珍妮着实把自己打扮了一番后，才在门口叫了一辆出租车向白宫驶去。到了之后，她在一位名叫威廉·西蒙斯高个子白发绅士的带领下来到了总统办公的椭圆形办公室。

罗斯福总统在写字台后面抬起头来，他用手臂撑着自己的身体，对刚刚到来的珍妮露出温暖的笑容。他说："早安，珍妮。谢谢你的光临。"随即，总统便把轮椅挪开了写字台而来到珍妮的身边并和她握了手。

相互之间以谈论天气作为开场之后，珍妮忽然间感到从总统的身上有一股"孤独的浪潮"向自己袭来。她明白，总统接见自己一定是有缘由的，于是珍妮忙说道："总统先生，当一个人心中有了疑问时，有时找人开导一下倒是很明智的。"罗斯福总统深深地叹了一口气，回答说："人生短暂，活得再长的人也都一样。我还有多少时间来完成我必须完成的工作呢?"

很明显，这是罗斯福总统的一个暗示，他希望珍妮能够为自己的寿命占卜一下。珍妮有礼貌地说："我能摸一下你的手指吗?"罗斯福总统缓缓地伸出了自己的手臂，希望能够从珍妮的口中得到自己想要的答案。尽管珍妮一直想方设法要回避这个问题，但总统一直坚持着。无奈之下，珍妮只得据实回答说："6 个月，或许更少。"

这个回答，让房间里谈话的氛围一时间变得尴尬起来。很长的一段时间里，总统的办公室里只有一片静默。

此后，总统像是刻意主动回避了这个话题。他开始和珍妮谈论起当今的世界形势，并且还请珍妮预言今后的世界格局会如何。谈话期间，罗斯福几次为珍妮说出的言论而感到惊讶。

但一段时间的跑题后，罗斯福总统又把话题拉到了刚才的问题上。他用极慢的语速说道："你说我还有多少时间来完成我的工作，几年？"珍妮知道自己无法欺骗总统，自己唯一能够做的便是据实回答。她略微有些颤抖地说："不是几年，总统先生，不能以年来计算，而是以月。不超过6个月。"总统的回答有些出人意料，他说："哦，那样长啊？"随后，罗斯福像是自言自语了一阵子，然后便转过身去，两眼直直地看着天空，没有再言语。

当日后被人问起他们当日的谈话时，珍妮说："我能确切地知道他脑子里在想什么。他在想，'急事先办'。他眼里是档案连着档案，一堆又一堆的文件。我能感觉得到，他心中已经有了死亡的预感，只不过是来确认这一事实。"她虽然不愿意把这一情况据实告诉总统，但她似乎也没有其他的道路可以选择。

为了打破沉默，珍妮开始称赞其罗斯福办公桌上的一只鹰的雕像。然而这次谈话便在不愉快的氛围中结束了，最后罗斯福对珍妮说："你能来这里真好。"

离开了白宫之后，珍妮更没有想到的是，在1945年的1月她再一次接到了白宫打来的电话。对方在电话中问他是否能够再一次来白宫和总统见面，珍妮答应了下来。这次的会见被安排在三天之后，依旧是上午11点。

刚一见面，罗斯福总统就迫不及待地问她有没有把水晶球带来。珍妮回想起这次会面时说："他显得比较轻松，不像上次那样拘束。但是他的外貌在两个月内改变了好多呀！他的脸部瘦削下垂，看上去好像掉了50磅。但这一回我们见面时就像老朋友和共谋者一样。”当珍妮从包里把水晶球拿出来的时候，她和罗斯福总统相视一笑，为彼此之间不言而喻的默契而感动。

总统直接把问题抛给了珍妮，他说：“好了，我还有多少时间?”珍妮的回答也很富有趣味。她把自己的拇指和食指弓了起来，以之间两寸的空隙来比喻罗斯福剩下的时间，珍妮说：“恐怕只有这么多了。”

总统和蔼地点点头说：“时间真短啊！”

珍妮随声附和地说：“是啊，短到了我们不喜欢去想它。”

这一次会见，让珍妮感触颇深的事情是，尽管人生已经所剩无几，但罗斯福总统终于可以从容地去面对自己剩下的不多的时日。这也稍稍缓解了她为总统做下的这一不幸预言而造成的心理阴影。

随后，两人再一次谈起了当时美国所面临的国内和国际问题。珍妮预言说，美国将会被种族问题所困扰，甚至还会因此而产生流血事件。这一预言，在1980年得到了证实。但当时在白宫的总统办公室里，罗斯福并不认同珍妮的这则预言，两人之间的谈话气氛貌似变得紧张起来。

但不论他们谈话的重点是什么，罗斯福依旧对珍妮充满了信任，他甚至不愿意这个女子离开自己的办公室。当两人分别的时候，罗斯福总统意味深长地说：“好好保管这个水晶球。”珍妮小心翼翼地把水晶球放回了包里面，用德语说了一句再见。总统也回敬说：“上帝保佑你！”然后，珍妮便离开了总统的办公室。

这也是他们俩最后一次见面。1945年4月12日，罗斯福总统由于脑出血而在佐治亚州的温泉市逝世。这一天，距离珍妮走出罗斯福总统办公室大门的那一天算起，正好在6个月之内。

姜太公钓起千年中国史

姜太公是中国历史上一位全智全能的人物，也是中国文艺舞台上一位“高、大、全”的形象，还是中国神坛上一位居众神之上的神主。作为宗教的神仙，他是武神、智神，被奉为“太公在此，百无禁忌”的护佑神灵。姜太公一生坎坷多磨而又轰轰烈烈、神秘莫测，确实称得上是奇人、奇男子。综观太公一生的建树，无论从军事、政治、经济思想等方面，都有卓越贡献，其中尤以军事最为人称道，所以后世史官称其是“后世之言兵及周之阴权皆宗太公为本谋”，称得上兵家之鼻祖，军事之渊薮。

曾著有《乾坤万年歌》的姜尚，留在人世间的传奇故事也颇多。从最初的“愿者上钩”到后来在《封神演义》中和各路牛鬼蛇神斗智斗勇，历史画卷为我们展示的是一个足智多谋的姜子牙。而他那独坐河边的垂钓，更是钓起了千年中国史。

姜太公本名为吕尚，其姜姓，字子牙，被尊称为太公望，后人多称其为姜子牙、姜太公。中国历史上最负盛名的政治家、军事家和谋略家。

相传，炎帝的后裔伯夷掌管着四岳，在大禹治水的过程中伯夷曾立下很大的功劳，因而被赐予“吕”姓，伯夷的子孙也自然随了祖先的姓氏。吕尚，即姜子牙，便是伯夷的后人。姜子牙出世的时候，他的家族已经逐渐中落，因而姜子牙的年轻时代并没有享过多少清福。他做过屠宰牛羊的屠夫，也开过小店卖酒为生。但生就一副文人性格的姜子牙，做买卖总是赚不了大钱，最多也只能算得上饿不着肚子。

然而，好在姜子牙是一个人穷志不短的书生。不论是屠牛卖肉，还是经商做买卖，他一直保持着勤奋学习的习惯，因而才能够上知天文下通地理，对于军事谋略和治国安邦都有自己一套独特的见解。在姜子牙的心中，他远远不满足于就这么平平淡淡地过完一生，他希望能够有一天尽力施展自己的才华来为国效忠。然而，纵然他满腹经纶，却在商朝根本得不到重用。怀才不遇的姜子牙眼看已经年过六十了，满头白发的他还在寻找能够施展才能和抱负的机会。

于是，他便在山中垂钓，这便有了之后姜太公钓鱼——愿者上钩的典故。姜子牙辅佐了周文王和周武王两代君主。从武王伐纣，到建国称王，姜子牙付出的心血是巨大的。因而，后世诗人陈志岁在《姜子牙》一诗中曰："兵权与奇计，何妨出屠酤。白发感知遇，壮心翻胜初。西伯得所望，君臣比水鱼。人世重功业，贵谋民康如。得道伐失道，顺势但一呼。"

周初分封的时候，姜子牙被封为齐侯。因而，姜太公还是齐国的创建者，更是齐文化的奠基者。历代典籍均尊崇其历史地位，儒、道、法、兵、纵横诸家皆追认他为本家人物，被尊为"百家宗师"。

姜子牙到齐国上任之后，每年的正月十六日他都会到于陵邑地区来和当地的老百姓们一起拜嫘祖。相传，嫘祖曾经把养蚕的技术教会给了老百姓，人们从此才有了衣服穿，再也不用披着树叶或者兽皮来遮羞了。因而，姜子牙来拜嫘祖，目的是为了鼓励老百姓要植桑养蚕，从事农耕。

此外，每年姜子牙都要带领百姓定期祭拜祖先。

每次祭拜的时候，都要在城北最为宽阔的地方高搭祭坛，坛高一丈按天干，长宽一丈二按地支，坛分三层按天、地、人三才。东边插四面青旗，上画青龙；西边插四面白旗，上画白虎；南边插四面红旗，上画朱雀；北方插四面旗，画玄武，台上中央插八面黄旗，上面画八卦文字插在八方。这样便象征着五行八卦和用于农业耕作的二十四节气。在祭坛上供奉的是上首天皇太昊伏羲氏神位、下首地皇炎帝神农氏神位、中间人皇黄帝轩辕氏神位。伏羲氏被尊为中华民族的人文始祖，神农氏则是传说中的农业和医药的发明者，轩辕氏便是中华民族的祖先皇帝。因而，祭拜这三位祖先一方面意味着要强调农耕，另一方面则强调中华民族不能够忘本。

姜太公怕自己过世后人们忘记了老祖宗以及发展蚕丝事业，便命儿子在于陵邑建立起天后宫、三皇殿，把自己在伐纣成功之后册封的三百六十五位正神，按方位塑在三皇殿周围，让他们在三皇的旨意下，各行其职，恪尽职守，享受人间香火。

然而，姜子牙最被大众认知的身份还是他的神学家。在现如今人们的想象中，姜子牙应该是一副仙风道骨的模样，他怀抱打神鞭、身骑四不像、破关斩将、登台封神，这段神话传说成为经久不衰的典范。抛开神鬼传说不谈，姜子牙第一个总结运用了黄帝兵法，联合天下诸侯兴周灭纣，运用伏羲文王八卦之术，以天体星象为依托，创立了中国诸神，确立了中国历史上生为人臣、死而为神的灵魂不灭论。

在后代中国文人编绘神话故事、演义小说、天神下凡的戏曲中，姜子牙创造的这一番理论成为所有故事情节的基本依据，从而使得人文历史更加丰富多彩起来。

因而，在唐宋以前，姜太公就已经被历代皇帝追封为武圣。之后，唐肃宗追封姜太公为武成王。宋真宗时，又追封姜太公为昭烈武成王。到了元朝时期，民间出现了一些关于姜太公的神话传说。到明代万历年间，陈仲琳（一说是许仲琳）创作了小说《封神演义》，从此，姜太公由人变成了神，民间广为信奉。

鬼谷子与无字天书

东周战国时期，有一位知名的纵横家，他的杰出弟子有张仪、苏秦、孙膑、庞涓。这个人的名字叫王诩，他生于魏国，其父为魏国大夫王错。王诩曾在韩、宋、齐三国任职。后因不愿让故人为难，辞去官职，隐居于朝歌清溪之鬼谷，自称鬼谷先生，常入云梦山采药修道，享年75岁，因其隐居鬼谷，所以后世都称之为鬼谷先生。此人，即大名鼎鼎的鬼谷子。

鬼谷子辞世后，留下了一卷在军事界被奉为奇书的卷轴《鬼谷子》。《隋书》中说："纵横者，所以明辩说、善辞令，以通上下之志也。"这一句话，就道出《鬼谷子》的实质内容，以今天的词汇来说，这便是一本教会人们如何应酬交际并演讲的综合类成功励志书。因而可以推论出，能够写出这本奇书的鬼谷子一定是个能言善辩的人。

留在历史中的鬼谷子形象，也和其著作中留下的精髓相差不多。但围绕在鬼谷子身上的神话传说，却一样堪比他这一身诡辩的才能。

相传，鬼谷子是村夫庆隆和东海龙女的儿子。庆隆和龙女虽被东海龙王压死在云梦山中，化作一道山岭和龙泉，但阴魂不散，要借体繁衍，为后人造福。

2000多年前，一位被人们称作王员外的妻子怀孕三年而不分娩。在一个初春的夜晚，狂风骤起，雷电交鸣。村人都认为这是大灾的迹象，然而只见从乌云中飞来一个火球落在王夫人的床前，落地即化作了一条小蛇。小蛇慢慢钻进了熟睡的王夫人被窝，不大一会儿的工夫，王夫人感觉要临盆。

然而，王夫人却生下一个红发貌丑的女儿，家人正在愁眉不展的时候，刚落地女婴竟然牵着母亲的手说起话来。女孩自称一定会变漂亮的，随后就变作了死人。王夫人忙抱着孩子哭救，一直到天明后，才听到女孩的哭声。再定睛一看，这孩子已然变成了一个唇红齿白的小孩。

王员外也大喜，认为三年临盆生下来的孩子将来一定是大富大贵。及至女孩成人，没来由地却肚子大了起来。外人一看知是怀孕了，但女孩还是一个黄花闺女，如此伤风败俗的事情怎么能够传出去呢。于是女孩就被父母赶出了家门。

女孩其实也不知道自己应该去哪里。怎奈一路颠簸，女孩较弱的身子根本就经受不起风吹雨打。正在她伤心欲绝的时候，见到一位慈祥老妇人。据传，这老妇人是西天老母幻化而成。西天老母对女孩说，她虽然是借着母亲的躯体所生，但并不是凡人，她本是东海龙王女儿的化身，而她腹中的胎儿正是前世未了姻缘情郎的精髓，因而才会有孕。在西天王母的指引下，女孩来到了鬼谷村，并在此地生下了一个男孩，此便是鬼谷子。

因而说，鬼谷子的母亲本是龙王的女儿，他的父亲虽是凡人，但也因为是感应到了上天而可以跨越轮回和前世的爱人结合而孕，在这样的机缘下，鬼谷子必定也不会是凡人。

传说鬼谷子本是道教的洞府真仙，位居第四座左位第十三人。被尊为玄微真人，又号玄微子。玄微真人鬼谷子住在鬼谷洞天，是为了在凡间度几位仙人去洞天。无奈他的四个弟子张仪、苏秦、孙膑、庞涓皆尘缘未尽。鬼谷子只好在暗中关注弟子，不时助正抑邪。

另相传，鬼谷子还会隐身术以及混天移地之法。他不但能够投胎换骨，超脱生死，更可以凭借法术撒豆为兵，斩草为马。而那纵横捭阖的事情，更是信手拈来。

如此一个道家仙人，自然也通晓占卜算卦之术。据传，鬼谷子的师父升仙而去时，曾留下一卷竹简，简上书“天书”二字。打开看时，从头至尾竟无一字。一时间纳闷的鬼谷子日思夜想，怎么也弄不明白师父留下这一本无字天书的意义究竟何在。

某一天夜里，辗转反侧的鬼谷子点着灯光继续研究师父留下来的天书，这一看不要紧，只见竹简上发出道道金光，鬼谷子这才意识到这便是传世的“金书”。

原来，这本无字天书上面记录的是一部纵横家书，尽讲些捭阖、反应、内楗、抵巇、飞钳之术。其总共有十三篇，每一篇都各有含义。其中讲到，与人辩论时，要根据不同的情况而选择十三种方法中的不同策略。读完这十三篇，鬼谷子不禁拍案叫绝。自以为学到了“金书”真谛的鬼谷子这才息了明火，钻进被窝睡去。

然而，第二天醒来等他又打开“金书”想细细推敲时，不料书中又一字皆无。之后的一段日子，鬼谷子一直在练习“金书”所授内容，一直练到三寸不烂之舌后，才算是小有成就。

这一天晚上，鬼谷子再次摆弄起这本“金书”，不料其又闪闪发光起来。定睛细看，却发现书中的内容和之前的已经完全不一样了，刻在竹简上的文字已经由纵横捭阖的言论换成了兵法。唯一相同的一点是，这些兵法依旧是十三篇。

鬼谷子的这十三篇兵法与后世所传孙子兵法十三篇，一文一武互为表里，相辅相成，鬼谷子所传为文兵法，而孙武所传为武兵法。鬼谷子主张以圆略致强兵，孙子则主张以方略而致全胜。两部兵法都主张不战而屈人之兵。

鬼谷子发现了“金书”的奥秘，自然也就解开了传道授业的法门。自此，他每夜读一遍，则等于每夜可得一书。

第三夜，他得的是致富奇书，里面讲些养殖方法，贸易原则，讲“将欲取之，必先予之”，讲“世无可抵则深隐以待时”。此法由鬼谷子传给计然、范蠡及吕不韦、白圭等人。

第四夜，鬼谷子从书中读到的是《养性修真大法》，里面主要讲述《本经阴符七术》，讲盛神靠五气，神为之长，心为之术。五气要靠志、思、神、德等精神因素。这四者不衰，静和养气才能成为真人。鬼谷子以此秘诀传茅濛、徐福，以后又传陶宏景诸人。

第五夜，鬼谷子又读到推命相面术，里面讲天武经；命数、面相及人生祸福，此法亦由鬼谷子传给茅濛，以后又传给司马季主、李虚中等人。

鬼谷子每夜必读一遍，每次一部新书，天上人间、治国安邦、仕途经济、天文地理、星命术数、丹药养生，无所不有，取之不尽用之不竭。鬼谷子视为珍宝，爱不释手。从鬼谷子解开这本无字天书的秘密的那一刻起，后世所传所用之法也就有了源头。因而，鬼谷子的成就虽然并不在预言占卜之上，但正因为是预言占卜之术从他这里开始传承下去，鬼谷子的名号也就成了古代占卜史上最不可缺少的浓墨重彩的一笔。

武侯诸葛草庐定天下

数三国英雄时，诸葛亮是绝对不能够被遗弃的一员。在群雄割据的时代，若是没有诸葛孔明出现，恐怕依旧难以形成三足鼎立的局面。诸葛亮在被称之为军事家、政治家和战略家的同时，因为发明了木牛流马、孔明灯的缘故，也被列在了发明家的行列中。此外，诸葛亮还怀有满腹的才情，他的《前出师表》《后出师表》《诫子书》被后世之人广为流传。正是基于此，连大诗人杜甫也有赞扬诸葛亮的《蜀相》名篇传世。

诸葛亮，字孔明，号卧龙，他于汉灵帝光和四年出生于琅琊阳都的一个官吏之家，诸葛亮的祖父诸葛丰曾在西汉元帝时做过司隶校尉，父亲诸葛圭东汉末年做过泰山郡丞。但命运对诸葛亮来说并不公平，在他只有3岁的时候，母亲章氏便病逝了，及至他长到了8岁，父亲也撇下他离开了人间。诸葛亮和弟弟诸葛均是被由袁术任命为豫章太守的叔父诸葛玄抚养成人的。

建安二年诸葛玄病逝，当时的诸葛亮正好16岁，这在古代也已经算是成人的年纪了。此时，汉献帝已从长安李傕手中逃出，迁到了曹操所管辖的许县。正值求学年纪的诸葛亮平日最好诵读《梁父吟》，并且常常把自己比作管仲、乐毅。然而，人们均以为他是年少清高，并没有人对他过于重视起来，只有好友徐庶、崔州平等相信他的真才实学。

诸葛亮这个时候，已经有了“卧龙”的称号。但更被人们讥笑的则是他在选老婆这件事情上的做法。诸葛亮的好友黄承彦本想要嘲弄一下他，于是对他说：“听到你要选妻，我家中有一丑女，头发黄、皮肤黑，但才华可与你相配。”谁也没有想到，诸葛亮一口就答应了下来。这让邻里都把这件事情当成笑柄来看待，甚至乡里还因此而流传出一句谚语说：“莫作孔明择妇，正得阿承丑女。”

然而，诸葛亮这种旷世的做法，却自有他的道理。与其寻一个没有共同语言的妻子为伴，倒不如找到一个能够倾诉衷肠的知音，大有“世人笑我太疯癫，我笑世人看不穿”的风范。

诸葛亮一举成名，得益于刘、关、张三兄弟的三顾茅庐，已经在草庐中留下了一段《隆中对》。在《隆中对》中，诸葛亮为刘备分析了天下形势，提出先取荆州为家，再取益州成鼎足之势，继而图取中原的战略构想。三顾茅庐之后，诸葛亮出山成为刘备的军师，刘备集团之后的种种攻略皆基于此。然而，诸葛亮作为外人，却深得刘备的信赖，这让关羽和张飞二人心中有些不平衡，刘备亲自评价说："孤之有孔明，犹鱼之有水也。愿诸君勿复言。"至此，所有不满的言论才平息下去，也足可以见刘备对诸葛亮身上才华的赏识。

此后，赤壁一战诸葛亮尽显才华，终于让天下人知道了诸葛孔明的名字。也正是因为这一场战争史上的奇迹，刘备才更坚定了对诸葛亮的信任而入蜀三分天下。甚至在将要死去的时候，也完完全全地对诸葛亮保持着信任，才会把自己的孩子和江山托付给他。之后，诸葛亮率领着蜀国的军队南征北战，可谓是历尽汗马功劳。最终因为心力交瘁而病死在五丈原。

诸葛亮的神机妙算在于，他不但在活着的时候能够算中敌人的任何风吹草动，甚至在自己死后还能够用"死诸葛吓走生仲达"。

在诸葛亮病危期间，他吩咐杨仪在自己死后先不要发丧，可以做出一个假诸葛亮的木人放在车上，军中所有的事务都照常进行，以掩敌人耳目。在诸葛亮魂归 9 天之后，他的遗体放在灵车上，经由 300 多名精心挑选出来的将士秘密护送回成都。

在前线，司马懿还在催促着大军要追赶蜀军。在行军前，他确定无疑地认为诸葛亮已经死了，但当行军到一半的时候，生性多疑的司马懿不禁犯起了嘀咕。他害怕自己是中了诸葛亮的计谋，因而不敢妄动。这时，夏侯霸带着探子来报，说是五丈原蜀营中已经空无一人。司马懿亲自上前观望，发现蜀营中果真空空如也。虽依旧是半信半疑，但司马懿又害怕蜀军会在短时间内逃之夭夭，于是连忙下令全速追赶。

可是不曾想，当司马懿的军队追到一半的时候，前面的蜀军忽然调转头杀了回来。司马懿远远地看到诸葛亮稳坐在军中大旗之下，且写有"汉丞相武乡侯诸葛亮"的大旗迎风飘动，格外显眼。

司马懿这才惊慌失措，他更加确定自己是中了诸葛亮诱敌深入的诡计，因害怕自己的军队遭到埋伏，于是勒马便往回逃。一看主将都逃走了，魏兵们更是丢盔弃甲地逃命去了。这一惊吓，蜀军并没有杀敌多少，却有不少魏兵因为相互践踏而死。魏军一气跑出去 50 多里地后，才有两个魏将赶上来对司马懿说不必惊慌，蜀军并没有追上来。惊魂甫定的司马懿忙问下属自己的脑袋是不是还长在头上，可见他当时早已经被吓得魂飞魄散。

等到蜀军全部走远之后，司马懿一直提着的心才放了下来。之后，他又派人去打探蜀军的踪迹，原来其早已经逃往蜀地去了。

此事之后，当司马懿得知诸葛亮确实已经死了的消息后，不禁悲愤万千。正是因为自己的多疑，才为蜀军赢得了全身而退的机会，司马懿当日遇见的诸葛亮仅仅是木像而已，他这才后悔不迭。由此，蜀地便流行了一条谚语："死诸葛亮吓走生仲达。"以此来取笑司马懿，并彰显诸葛亮的神机妙算。

除此之外，诸葛亮另一个不为人知的身份便是发明家，更不为人知的是，当今人们的主食——馒头便是诸葛亮发明的。当时，诸葛亮平定孟获班师回朝，过泸水而不得，按习俗需要拿 49 个人头祭祀，次日诸葛亮用面粉和面裹以肉做成人头状顶替人头用以祭祀；自此以后也就有了很多祭祀时除了猪、牛、羊外多了馒头；另表：馒头原来是指顶替用来祭祀的俘虏蛮夷的头，所以称为蛮头，后改用曼头用以避讳，再后加了食旁成为现在的馒头。

一生也没有战胜诸葛亮的司马懿在评价他的时候说："诸葛亮真乃神人，吾不如也！"发生在诸葛亮身上的各种真实事件，远比他所作出的预言要有趣得多，毕竟，诸葛孔明本身便是一个传奇！

唐朝天文学家李淳风

李淳风和袁天罡合作的《推背图》称绝于古今，而相比其袁天罡，李淳风的造诣则更胜过一筹。李淳风可以被称之为唐代杰出的天文学家和数学家，早在贞观初年，李淳风在李唐王朝就崭露头角了，而起因便是由于他的天文学过人造诣。

唐朝初年，一直沿用的历法是由傅仁均编撰的《戊寅元历》。因为这部历法存在一定的缺陷，李淳风对之做了更为详细研究，并提出了大量修改意见。唐太宗派人考察后，采纳了他提出的大部分建议。而在古代，历法编撰是一门十分专业的学问，一般的学者很难问津。李淳风对《戊寅元历》提出修订意见时才20多岁，这必然引起了人们的注意。他也因此得到了圣上的褒奖，被授予将仕郎，进入太史局任职，从此开始了他的官方天文学家的生涯。

李淳风是岐州雍人，他的父亲李播曾担任过隋朝时的地方官员。在李淳风的印象中，父亲一直秉守着“以秩卑不得志，弃官而为道士”的法则，且李播“颇有文学，自号黄冠子，注《老子》，撰方志图文集十卷”，并作《天文大象赋》。正是在父亲的影响下，李淳风才受到了天文学术方面的启蒙。在《旧唐书》中曾提到李淳风“幼俊爽，博涉群书，尤明天文历算阴阳之学”，这也和他的少年经历不无关系。

李淳风从小就被誉为“神童”，在父亲的影响下，他博览群书，尤其钟情于天文、地理、道学以及阴阳之学等。在他9岁的时候，便远赴河南南坨山静云观拜至元道长为师。学成之后，已经过去了8年的时光。于是李淳风在17岁时回到了家乡，这个年纪正是要一展宏图的好年岁。当时，李淳风正好和李世民的好友刘文静相识，在刘文静的引荐下，李淳风便做起了李世民的谋士。及至李渊称帝，李世民被封为亲王，李淳风也变成为了秦王府记室参军。

唐贞观元年，李淳风以将仕郎直入太史局。太史局主要掌管天文、地理、制历、修史之职，这让李淳风感觉自己如鱼得水，他总算找到了可以充分展现自己才智的平台。于是在这一职位上，李淳风鞠躬尽瘁整整工作了40年的时间。

提到李淳风的时候，在人们的印象中总是和《推背图》以及《藏头诗》等预言分不开，而发生在李淳风身上的传说故事其实远不止这些。另有一则修建天宫院的记载，同样充分说明了李淳风在阴阳风水等方面有着常人难以企及的造诣。

天宫院始建于唐，明清重建和续建的天宫院，现为省级文物保护单位。2003年，在一次申报之前的航拍中意外发现了袁天罡的墓碑、李淳风的墓碑以及天宫院均在一条直线上。而天宫院所处的位置，从大地形来看正好是“九龙捧圣”的正中心。原来，在天宫院的四周，有九条十分明显的山脉，每一个山脉远远看去就像一条蛟龙一样。这九条山脉从不同的方向会聚于天宫院，天宫院正好处在九条龙的龙头会聚的地方。因而，“九龙捧圣”的传说也自此流传开来。

从风水学上来讲，天宫院的地理位置绝对是极佳的。当年，相术大师袁天罡和风水大师李淳风不远万里从长安来到了阆中，并因为阆中这里独特的山水而驻足停留，这背后一定是有其他原因的。后人猜测，两人正是看中了阆中这一块风水宝地。因而，李淳风便在阆中修建了自己可以长久居住的府宅，且在死后也把坟墓修建在了这里。

现如今，距离天宫院并不远的淳风寺，便是李淳风当年的居住地。淳风寺坐落在一个坐东向西的山梁上面，从地势上看，这里正好是“坐艮向坤”，即淳风寺坐落的这座山叫做梁寅山，其修筑在梁寅山的最高峰上。当年，李淳风选择这里作为自己的居住之地的时候，用风水学上的术语来说此地便是“天市垣”、“北斗星天柱”、“风星”所居之地域。因而，在这里来研究天文地理，以及实地观天测地，占卜风向天气等，确实是难得的佳地。

而以今人的观点来看，站在淳风寺中四面眺望，周边是群山环抱，草木掩映，顿时让人感觉如临仙境一般。淳风寺的地形，如“鸾凤飞舞”，唐时此处即被称为“仙鹤会”。李淳风以自己独具的风水知识选择了这一块宝地作为居所，也足可以怡情养性了。

然而，李淳风并不是把一生的时间都耗在了神仙法术上。622 年，李淳风担任了秘阁郎中一职，他的首要奏章便提及到要编写新历。在 644 年，李淳风编成了《甲子元历》，这一立法对后世天文、历法和数学的发展贡献很大。同时，他还著有《法象志》，共七卷，论《前代浑天仪得失之差》，对后世产生重大影响。641 年他担负了编写《梁书》《陈书》《北齐书》《周书》《隋书》的总指导责任，他还为《隋书》《晋书》亲自撰写了《天文志》《律历志》《五行志》，保存了古代天象变化及灾害史料。

李淳风的成名固然始自《推背图》，但以自己的能力对后世做出种种预言，只是他的一个小偏好而已。任何官员，在当政期间如果不尽心尽力地去做出点实事，那么李淳风对后世做出的所有预言都将只是虚无的妄想。

正因为李淳风一生的大部分时间在著书立说，并着力编著出更为合理的历法来辅助农耕，因而后人评价李淳风的人品和著作时说：“淳风虽以方技名，《修德》篇屡引经传，以改过迁善为戒，《司天》篇深著隋氏之失，谆谆于纳谏远佞，不失为儒者之言，非后世术士所能及也。”此也是李淳风被称之为唐朝的天文学家而不是星象术士的缘由所在。

刘伯温的罪与罚

在民间传说中，刘伯温是一位先知先觉者、料事如神的预言家，且他还是一位神人。

相传，刘伯温本是玉帝身边的一位天神。元末的时候天下大乱，全国各地战火纷飞，到处都有饿死的人，以及打仗战死的士兵。玉帝看不惯人间的纷乱，便命刘伯温转世辅佐明君，从而能够稳定天下，以造福苍生。并且，玉帝还赐给了刘伯温一把斩仙剑，此剑能够号令四海龙王。然而龙王们早已经年老体弱，且龙宫内部事务繁多，因此就派出了自己的 9 个儿子来听从刘伯温的调遣。龙王的 9 个儿子个个都具有无边的法力，神通广大的他们跟随着刘伯温征战沙场多年，从而为朱元璋打下了大明江山，之后又助朱棣成功夺得了皇位。当他们功得圆满准备返回天廷复命之时，明成祖朱棣这个野心极大的帝王却想永远把他们留在自己身边，以安邦定国，雄霸天下。于是他便借修筑紫禁城的名号，拿走了刘伯温的斩仙剑来号令龙九子。

然而，龙九子虽然受刘伯温斩仙剑的指挥，但他们仍是神兽，只见这九条龙稍稍发挥了一下神力就在一时间呼风唤雨，雷霆闪电顿时肆虐起来。朱棣见斩仙剑震不住九子，便决定用计，他对九子老大赑屃说："你力大无穷，能驮万斤之物，如果你能驮走这块先祖的神功圣德碑，我就放你们走。"赑屃一看原来是一块小小的石碑，便毫不犹豫地驮在了身上。但任凭他用尽法力却依旧寸步难行。原来，这块神功圣德碑上记载着"真龙天子"生前一世所做功德善事，而功德之事是无量的，故即便赑屃有天大的神力也驮不走石碑。

并且，在神功圣德碑还印有两代帝王的玉玺印章，据说这两块印章能够镇住四方神鬼。剩下的8个龙子眼看大哥被压在碑下，不忍离去，便决定一起留在人间，但他们却发誓永远都不会再现出真身。这样一来，龙九子就永远都留在了人间。

但朱棣虽然留住了九子，得到的却仅仅是九个塑像般的神兽。刘伯温得知这件事情后，也主动弃朱棣而去，脱离了肉身而返回天廷。朱棣至此才后悔莫及，为了警示后人不要重蹈自己的覆辙，他便让九子各司一职，以流传千古芳名。

在这个有关于刘伯温的神话故事中，虽然主角并不是刘伯温本人，但却可以旁敲侧击地推测出刘伯温的无边神力。因而，他能够写就各种有关后世的预言也就不足为怪了。现实中的刘伯温虽不至于是脱胎自神仙附体，但其本身的经历也足以写就一部传奇故事。

刘基，字伯温，谥曰文成，因是青田县南田乡人，故当时的人们也称他为刘青田。刘伯温是元末明初的军事家、政治家及诗人，他不仅通晓经史子集，还对天文地理有着深入研究，并且刘伯温还是一个不折不扣的兵法行家。在文学史上，刘基与宋濂、高启并称“明初诗文三大家”。

刘伯温以辅佐朱元璋完成帝业、开创明朝并尽力保持国家的安定的业绩而驰名于天下，他甚至还被后人比作诸葛武侯。朱元璋也多次称刘基为:“吾之子房也。”

少年时代的刘伯温因聪敏好学而闻名乡里。据说，刘伯温看书的时候能够达到一目十行的速度，他12岁考中秀才，坊间称之为神童。14岁入府学读书，老师教授的书目是儒家中最晦涩难懂的《春秋》，其他学童只懂得摇头晃脑地苦读，刘伯温却在阅读两遍之后就能背诵如流，且还能逐字逐句地去解释书中的含义，并能够说出一些前人意识不到的观点。老师大为惊讶，以为他之前读过此书，便又用其他句段来测试，没想到刘伯温每一次都能够过目不忘。老师不得不佩服说：“是奇才，将来一定不是个平常之辈!”

17 岁的时候，刘伯温开始师从当时的名士郑复初学习儒家经世致用的思想。郑复初在一次拜访刘伯温父亲的时候说：“您的祖先积德深厚，庇荫了后代子孙；这个孩子如此出众，将来一定能光大你家的门楣。”此时的刘伯温，已经开始博览群书了。他对诸子百家无一不窥，尤其对天文地理、兵法数学，更有特殊爱好，潜心钻研揣摩，十分精通。

有一次，刘伯温看到一本有关天文的书之后爱不释手，便在书屋中一口气读完了。谁知第二天，他再来到书屋，当着老板的面竟然能够倒背如流。老板甚是惊讶，为了表示自己爱才，他愿意把这本书送给刘伯温。可谁也没有想到刘伯温会如此回答，他说：“这部书已装在我胸中，书对我已经没有用了。”

22 岁的刘伯温参加会试，一举便考中了进士。从此他便步入了治国平天下的政治生涯。

在帮助了朱元璋建立起大明朝后，朱元璋一直很想让刘伯温做宰相，但他却一再推辞。其实，在明朝的所有开国元勋中，功劳最大的非刘伯温莫属。刘伯温还曾救过朱元璋数次，可以说若不是因为有刘伯温存在，朱元璋在称帝之前就早已经死过很多次了。面对“一人之下，万人之上”的宰相的诱惑，刘伯温思忖再三，他知道自己的性格过于正直，必定会遭到奸臣的排挤，自己希望为百姓做点好事的愿望是很难实现的。于是他最终选择了告老还乡，离开了官场是非之地。

已经步入晚年的刘伯温偶感了风寒，朱元璋知道了之后，派胡惟庸带了御医去探望。御医开了药方，他照单抓药回来煎服后，但却觉得肚子里好像有一些不平整的石块挤压在一起，这让他觉得更加痛苦。当刘伯温带病上朝把这一情况上报给朱元璋后，换来的却是当朝圣上不冷不热的回答。刘伯温一腔报国的热血瞬间被冰冻起来了，似乎在这一刻他才明白浮生若梦的寓言。

最后，刘伯温于56岁的年纪而卒亡。朝廷赠他为太师，谥号文成。但一直到明世宗嘉靖十年的时候，朝廷才在刑部郎中李瑜的建言下，再度讨论了刘伯温的功绩，并决议刘伯温应该和徐达等开国功臣一样，配享太庙。

至此，历史才给了他足够公正的评价和待遇。

第九章
占卜有术

占卜的由来

占卜是世界各个古老民族都有的文化现象。而在古代中国，也同样流传着占卜及用于预测的其他文化现象。在古中国，人们通常认定《周易》是占卜之书。且有俗话说：不学诗经不会说话，不学《易经》不会卜卦。

占卜中的“占”意为观察，“卜”是以火灼龟壳，认为就其出现的裂纹形状，可以预测吉凶福祸。它通过研究观察各种征兆所得到的不完全的依据来判断未知事物或预测将来。从占卜的字面含义来看，最古老的占卜术是以龟壳为基本道具的。占卜所需的物质材料分两类，一类是显示卜兆及刻辞用的载体，即龟甲、兽骨等，另一类是整治甲骨及刻辞用的工具，有锯、凿、钻、刻刀等。占卜流行于全世界各个时代的文化中，而且方法多种多样。

在许多时候，占卜仅仅是操作者在将行某事时，由于没有把握而借助某些器具或现象寻求信息或解答，由此满足求卜者心理需求的行为。因而，在这个程度上来讲，占卜用什么并不重要，重要的是如何使自己做出来的占卜术更加灵验，早期的占卜和宗教密切相关，其发展受到宇宙观和民族心理的影响。常见的占卜方式有询问性占卜、鸡卜、鸟卜、鸟占、水占、星占、纸牌占卜等。其中以动物为基本道具的占卜术，最能够体现占卜之前的无安排性，也是最能够抓获人心的一种方式。

关于占卜之术，《易经》中曾经提到过：“易有圣人之道四焉：以言者尚其辞，以动者尚其变，以制器者尚其象，以卜筮者尚其占。”这里提到了占卜的四种方式，但万变不离其宗。以更严格的方式来说，

《周易》中提到的占卜之法，其实只属于中国。中国占卜术又有两个流脉，一是以八卦为基本符号的《易经》，起源于上古时代的龟甲兽骨占卜；另一个是以天干地支为基本符号的《术数》，起源于中国古代天文学。

而一旦把范围扩大到了国外的时候，占卜的方法也变得繁多起来。世界上的占卜一般可分为中国占卜术和西洋占卜术两个流派。在国外占卜术中，尤以古代欧洲的占卜术最为人称道。如扑克牌算命，或是塔罗牌法，乃至于咖啡杯中的残余咖啡图案，皆可预示吉凶。这些都只是九牛之一毛，虽是管中窥豹，却也可以略见一斑。若是再论到古中国传统的占卜术，如周易卜卦、梅花易数以及六爻这三种最为流行的三种占卜术，值得后人学习和研究的方法已经可以称得上是浩如烟海了。

而所有占卜术的终极命题是，如此占卜的方法，究竟准确度有多高？这恐怕只有亲身去经历过占卜之后，才能各人有各人的定论。虽然到现在为止，占卜术并没有得到主流科学界的肯定，但其能够历经千年的时光流传到当今，必定有着其合理性以及固定的受众群。而这一点，也正是所有占卜术的重中之重。

谜一般的塔罗牌

在西方的古老占卜术中，塔罗牌一直占据着最主要的位置。塔罗牌占卜于中世纪起流行于欧洲，地位相当于中国的《易经》，其起源一直是个谜。现在常用的塔罗牌占卜总共有78张牌，其中大阿卡那牌22张，用来解释命运的大致运势，小阿卡那牌56张，可占卜更详细的情况，以弥补前者的不足之处。

塔罗牌占卜的对象和范围比较宽泛，一般前去请求占卜的人多询问的是爱情、社交、事业等方面的内容。塔罗牌占卜的神秘之处在于，占卜者不用提前和被占卜者有人和形式的交谈，前去占卜的人多是遇到了不知道应该如何处理的事情，便想要从塔罗牌中寻找到一定的提示。也有心理学家认为，操纵塔罗牌占卜的人实际上是在用自己的言行给求卜者一种心理暗示，这便让他的工作看起来类似于早期的心理咨询师。但这也只是占卜师的个人行为，真正的塔罗牌占卜依旧属于神学的范畴。

塔罗牌共有78张，每张精致的纸牌都有它独特的图案和意义。尽管在不同地区流传的塔罗牌，所绘制的图形有些微的变化，但其所表达的含义不变，现在使用较多的是韦特塔罗。每一张塔罗牌，都有不同的象征意义。他们分别能够指示出一个人的内在思想、潜意识动机、隐藏的恐惧和渴望，以及个性、长远运程和弱点。每一张塔罗牌也代表一个历程，有欢乐、痛苦、希望、改变和重生，是人们生活的再现，不论是在肉体上、心智上或情感上。每一张塔罗牌代表一种人物，有温暖慈爱的母亲、传统正派的宗教领袖、不屈不挠的勇士，也有充满智慧的隐士。它们既是真实人物的化身，也是你自己的一部分。

塔罗牌是由22张大阿卡那牌和56张小阿卡那牌组成。大阿卡那牌便如同它的名字一样，主宰着和人息息相关的大的命运趋势。在占卜的时候，王牌会成为最重点的对象，即它所给出的信息正是求卜者想要得到的答案，或者是他即将会面对的际遇。大阿卡那牌有“秘密房间”的含义。要以塔罗牌开启神秘的命运之门时，首先就得先进入这房间内进行探险。

而因为用22张大阿卡那牌就可以占卜出一个人的命运走势，小阿卡那牌只是对大阿卡那牌的补充说明，所以当塔罗牌流传至今的时候，通常的占卜便只用大阿卡那牌了。若是我们想要更进一步知道命运的真相或是对方的事情，或者是想更了解事情发生的地点与时间，就必须由小阿卡那牌才能得知了。

在22张大阿卡那牌中，许多牌都有着各自的隐喻以及传说。

如“魔术师”这一张牌，其又被称之为魔法师——荷耳墨斯。荷耳墨斯是道路神、马路神和交通神，他还是神的信使，为众神传递信件。同时，荷耳墨斯也是商人的保护神，可又是小偷和骗子的佑护神。在古神话中，荷耳墨斯自小便是一个聪明伶俐的孩子，有一回他在阿波罗的牛群中偷走了50头牛，这让阿波罗费了好大的力气才找回来。

塔罗牌中的魔术师一牌，代表着创造和新开始。在占卜的结果中，如果是被“魔术师”主宰了全局，那就说明这副塔罗牌所表现出来的命运是极富有能力和创意的，而占卜者对于自己也是充满了信心。

此外，剩下的21张塔罗牌也各有寓意，如，“愚者”代表着活力和乐观，但可能也有一些任性；“女教皇”代表着纤细敏锐，它能够洞察你内心最细微的变化，其对女性有着绝对的保护作用；“女王”往往具有一股温暖包容的母性，它会将占卜者视为自己的孩子一般关爱，对于求助于它的问题，它一定会详细地说明答案；“国王”就像一位刚强而稳健的父亲，给予人以安全的感觉，因而它不需要特殊的交流方式，当被需要的时候它会无私地提供帮助；“教皇”则更善于去解释人世的奥妙、宇宙的真理等，它所揭示的内容往往需要深刻思考才能够领悟；“恋人”既代表罗曼蒂克，又代表面临爱情的抉择，既代表实质的爱，也可代表精神上的爱。

此外，还留有的“战车”“力量”“隐者”“命运之轮”“正义”“倒吊者”“死神”“节制”“恶魔”“塔”“星星”“月亮”“太阳”以及“审判”和“世界”等都各自有着不同的传说和寓意。总共把这22张牌综合起来，占卜者从中去抽取自己的命运，从而来决定未来的某些事情，以及自己的决断。

而有关于塔罗牌的起源，到如今依旧是莫衷一是。许多研究神秘学的专家都试着找出一点线索，总结起来也不外乎有以下几种观点流行世间：

有说来自埃及，在埃及语中“塔罗”意思为“神圣之旅”、“智慧、魔术之神”；

有说来自古罗马，在拉丁语中“塔罗”意思为“生命之轮”；

有说来自希伯来，在犹太语中“塔罗”意思为“法则”；

有说来自波斯，吉卜赛语的意思为“扑克牌”，将“塔罗”一词传入欧洲的便是吉卜赛人；

有说来自古印度，印度神像手中即拿着塔罗牌的某些象征东西，如杯子、权柄、剑和戒指；

有说来自中国，在唐朝纸币上即印有纸牌游戏，相传纸牌为宫廷妻妾娱乐之用。

不论哪种说法，只要能够自圆其说，就有着令人信服的理由。

水晶骷髅中的神秘力量

相传，上古可以通灵的智者们曾经制造了13个水晶头骨，这些水晶骷髅能说话、会唱歌，并且在头骨中还隐藏了有关人类起源和死亡的资料，能帮助人类解开宇宙生命之谜。根据传说，人们必须在2012年12月21日之前找到全部头骨，那一天是已经循环了5126年的玛雅历法的终结。除非13个头骨聚集在一起并按正确的位置摆放，否则地球将飞离轴心。只有按照预言中的做法丝毫不差地按时把水晶骷髅摆放到正确的位置上，头骨的超自然力量才能挽救地球。

水晶头骨的信息多来源于传说，死亡的人头骨和美丽的水晶的组合为其添加了许多神秘感。水晶骷髅头是由石英石打造完成的人头骨模型，传言说这些看起来异常美丽的人头骨蕴涵着某种奇异的能量体，它们全都归古代美洲阿兹特克或玛雅人所制作。至今尚未有经由考古学家挖掘出来的模型。

有关于水晶骷髅的起源有着不同的说法，最被人们所熟知的便是和2012世界末日相关的13个水晶骷髅的传说。这个传说起初只流传在美洲的印第安人族群中。但另一则据说是从长老会口中流传出来的故事却并不太一样。

根据长老会传下来的说法，水晶骷髅一共有52个，玛雅人占有其中13个，其他的水晶骷髅则散布在世界各地的神圣之地，其中包括美洲许多其他土著部落和澳洲土著等部落。但在危地马拉的一个村庄中，当村里的土著人把水晶头骨拿给一位自称是来自文明社会的神父看时，神父说这个东西是魔鬼制作的，于是就把那水晶头骨打得粉碎。

在剩下的51个水晶骷髅中，有12个骷髅的下颌骨能够自由活动，因此这几个便被称之为“会唱歌的头骨”。这在12个水晶骷髅中，存储了大量知识和当时人类尚未掌握的科技。因而这12个水晶骷髅也和其他的水晶骷髅不相同，它们是外星人从天狼星座给地球人带来的礼物。为了协助知识的传播，外星人在地球上教会了玛雅人制作水晶头骨的技术。玛雅人便用这种技术制作了40个下颌骨不能活动的头骨，称作“会说话的头骨”。也就是说，那12个水晶骷髅是后来40个水晶骷髅的原型。

不可避免地有人反对这两个传说的真实性，他们的理由显得简单却又十分具有说服力。因为水晶是世界上硬度最高的材料之一，用铜、铁或石制工具都无法加工它，而千年前的玛雅人又是使用的什么工具来打造的呢？如果真的是外星人的技术打造的，这个概念又过于模糊不清，难免让人产生怀疑。

而水晶骷髅的真正神秘之处在于，若是把它和真正的人类头盖骨作比较的话，很容易就能够发现其二者之间存在极大的相似性，只是唯独眼部特征稍稍偏于人类的正常范围以外。人类准确地认识自己的骨骼结构更是18世纪解剖学兴起以后的事，而产生于远古时期的水晶骷髅竟然是如此符合人体工程学的原理，不得不令人啧啧称奇。

而水晶骷髅对光学知识的应用也达到了一个巅峰。据说，水晶骷髅的催眠功能便来自于此。如果让一个人紧盯着水晶头骨的眼睛处，不多时人便会感觉昏昏欲睡。在各种古怪的传说中，水晶头骨总是被玛雅人拿来给病人做手术时催眠病人。

最能够证实水晶骷髅是玛雅人制造的证据于1927年被发现了。在洪都拉斯的玛雅废墟中，考古学家发现了一个水晶头颅。这个骷髅头是用水晶雕成的，高12.7厘米，重5.2公斤，大小如同真人头，是依照一个女人的头颅雕成的。这颗头颅的五官比例与现代人一模一样，牙床上整齐地镶着上下两排牙齿，眼睛由圆形水晶石点缀，鼻骨则由三块水晶石拼成。至今1000多年历史，专家们研究过头颅的表面及其内部结构后，肯定其历史非常悠久，确是玛雅时代遗留的文物。

众所周知，古代玛雅人并不如同当今人们想象的一样充满了无知，他们在数学、天文学和历法方面完全可以称得上是专家，甚至他们还掌握了许多可以与现代技术匹敌乃至超过现代技术的成就。虽然目前尚没有足够的证据能证明玛雅人早已经掌握了雕刻水晶的技术，但不能证明的事情并不代表不存在。

相反，一些并不太确定的蛛丝马迹却给玛雅人制造水晶骷髅提供了有利的证据。但也有另外一些证据表明，是后来的阿兹特克人和墨西哥中部及高原上的印第安人制作了它们。不管是谁最终制造了它们，这些古人一定非常善于在水晶上进行雕刻的工作，并且也有着足够的证据证明这些民族曾经把水晶骷髅当成某种意象——或许和宗教信仰有关——

而频繁地使用着。

令人感到遗憾的是，当年从玛雅废墟中发现的水晶骷髅经过了几次拍卖，大英博物馆也曾加入拍卖者的行列中，但最终未能够如愿。现在，大英博物馆中唯一保留的便是当年参与拍卖水晶骷髅时的文献。

有关于水晶头骨的真实来历，恐怕在很大的一段时间里将会依旧是个谜团。

占星术是“上天的旨意”

占星术，根据天象来预卜人间吉、凶、祸、福的一种方术。人们通常认为，占星术是盛行于中世纪西方的一种占卜之术。这样的论点，未免有些过于片面。其实早在中国古代，便有占星术的存在及运用，其主要是根据各种罕见的或不合“正常”规律的天象来预卜国家大事及帝王将相的命运，推动了天象观测。而在西方则主要根据日、月、五星在星空中的位置来预卜个人的命运。

占星术其实完全可以归类为一门学科，其本是根据天象来预卜人间事务的一种方术。在人们的知识水平和生产力都比较低下的年代，存在着许多人类无法解释的自然现象，于是就会很自然地把这些自然现象和自身的吉凶祸福结合起来。而星星因为更是人类触摸不到的天体，所以占星术也有了滋生的土壤。

在早期，占星术主要是用来占卜比较重大的历史事件，如战争的胜负，国家或民族的兴亡，以及国王或大臣的命运等。随着时间的推移以及各地占星术士的钻研和发展，占星术逐渐被应用到了占卜个人命运以及日常生活中的琐事之上。因为占星术本身有着一套非常复杂且又自成体系的推算方法，因而在普通大众看来，这套占卜命运的方法也就显得愈加神秘。

占星术最早萌芽于7000多年前的古巴比伦，之后才从古希腊、古罗马传入整个欧洲。当时，在欧洲国家的街头巷尾，到处都可以看到以占星卜卦为生的人，这也正是占星术在人类历史记载中出现的第一个高潮。但随着罗马帝国的衰败和欧洲大陆上的纷争不断，占星术在战乱的年代中几乎失传。一直到文艺复兴，占星术才又逐渐走出了低谷，开始被世人重新认识。

只是这个时候流传的占星术，已经不再单纯是当初古巴比伦的方术了。当时，流传在印度地区的占星术随着阿拉伯的商队来到了欧洲大陆。在文艺复兴的催发下，古代的占星术才又重新焕发了光辉。当时的天文学院中已经公开开设了占星学的课程，正是到了这一时期，占星术才开始向专业学科的方向发展。随着牛顿、伽利略、开普勒等顶级学者逐个加入研究，占星术在欧洲大陆上迎来了第二次繁荣的机会。

但之后，现代科学开始兴起，这成了扼杀占星术的一把利刃。并且，占星术也与同样是研究天体的天文学也越走越远，最终被现代科学所抛弃，人们对占星学的兴趣也降到了历史最低点。甚至在主流科学界，许多科学家联名一致抵制占星术。一直到了19世纪末20世纪初，脱胎换骨的现代占星学才摇摇晃晃地发展起来。现代占星学囊括了人文占星学、心理占星学等领域内的知识，借助于科学技术的发展以及人们对宇宙和自然的认知，现代占星学中提到的宇宙观点也得到了许多人的认同，因而才出现了占星术在有文字可记载的历史上的第三次高潮。

一般认为，占星术最早起源于古代的闪族、印欧或中国的河洛民族，之后才开始在巴比伦盛行。接着以巴比伦为中心，向东传播到了波斯、印度和中国，向西则传播到了希腊、埃及、罗马、西班牙以及整个欧洲腹地。因而提到中国古代也存有占星术的时候，并不用因此感到特别惊讶。

在中国曾经发现过一份古代遗留下的残片，这正是占卜术在亚洲风行的史料，所幸其在西藏这个战乱较少的地区保存下来。残片中记载了中国古代神秘的国王伏羲的教导，他写了一本关于占卜术和占星术的书。根据传说，在他统治的时代，国内来了一个马身人头的妖怪，背上刻着八卦，都是由三根线条组成的符号，这就是《易经》的基础。

而黄帝确定了阴阳、五行、十方和十二宫的完整体系，则离不开岐伯对天空中星体的观察，这也可以理解成是占星术的一种变形，具有中国色彩的占星术也由此诞生了。中国的占星术熟悉阴阳、五行和宫，与西方一样把天象分为十二宫。唯一不同的是，流传于中国的占星术此后逐渐被更具有本土特色的《易经》等方术推论之书取代了主体地位。

在整个占星术中，其实只是在探讨两个问题——“大宇宙”和“小宇宙”。所谓“大宇宙”是指布满了星辰的天空或苍穹，“小宇宙”指人类和人类的活动。占星术的行家里手认为，天上的星辰拥有一种或是神赐予的无形力量，神借助于星辰来传达他们想要告诉给人类的信息，因而星辰的任何变化都和地球上的动态息息相关。人类作为地球上的一员，自然也会受到星象变化的影响，从心理状态到行为模式，每个人的命运都和占星术密不可分。

因而，占星术士们把人类和星星之间不可改变的、先天的联系称之为“命”，把人类因为各自心理状态不同而产生的行为称之为“运”。在“命运”一次中，“命”是注定的，是不可以更改的，只有通过转“运”的方式来弥补“命”中的缺失，从而让人类本身能够有一个更好的未来。

现代人所熟悉的个人星相学或“本命星盘”，便是以此为基础而诞生的。

及至占星术发展到了今天，不论是占星术士还是寻求占卜的人都已经无心把占卜的结果和未知的命运联系起来了，人们更愿意通过占星的方式来对自己的心理做出疏导。

梦是人类的自我预兆

人人都会做梦，这正是人这种高级动物最奇怪且最与众不同的地方。梦是一种意象语言，这些意象从平常事物到超现实事物都有。而事实上，梦常常对艺术等方面激发出灵感。但梦却并不只是人类一种自我无意识的大脑活动，很多情况下，梦正是人类在面对某件事情时候的一种自我预兆。

人人都会做梦，这早已经是被科学证实了的事情。但如果一个人觉得他们没有做梦或者一个夜晚中只做了一个梦，这是因为他们关于那些梦的记忆已经消失了。而真正符合科学定义的梦，也只在人类身上被证实过。

有的科学家认为，梦只是人类在睡眠时的一种心理活动，是客观事物在人脑中的反映。梦中离奇的梦境是因人睡眠大脑意识不清时对各种客观事物的刺激产生的错觉引起的。如，人清醒心动过速时产生的似乎被追赶的心悸感，在梦中变成了被人追赶的离奇恐惧的噩梦。

还有一种说法是这样的：在白天，我们的左右脑中，左脑掌管理性，右脑则相当善于想象和富有创造性。在我们睡觉的时候，尤其是浅睡时，右脑依旧会工作，只是这时右脑没有了左脑理性的控制，便会诞生许多稀奇古怪的事物，不再符合正常的逻辑。这就是怪梦形成的原因之一。

但在梦中，人们却经常能够感知到一些在清醒时的时候感知不到的事情，如轻微的生理症状等。一种解释是，人在睡眠的时候所受到的来自于外界的刺激相对来说减少了不少，因而会更加容易体会到自身的变化。

其实在梦中的时候，人类也并没有丧失掉自己的意识，依旧可以用自己的逻辑思维进行思考和判断。梦，可以被理解成一种复杂的生物神经系统活动，因各种不同的刺激而出现不同的梦境。以这种观点来说，梦其实并没有任何实际意义。但许多古代学者对做梦这件事情给出了自己独到的见解。他们认为，人类之所以会做梦，若单从生理方面来讲的话会受到以下因素的影响：

1. 体内阴阳之气的缺少或过量

《黄帝内经》就认为“是以少气之厥，令人亡梦”。而这一观点更是被后代的思想家们广泛传承起来，在《列子》中曾记载说：“故阴气壮，则梦涉大水而恐惧；阳气壮，则梦涉大火而燔；阴阳俱壮，则梦生杀。”而清代的学者熊伯龙认为妇女在妊娠期间的梦与生男或生女有关，他说：“生男阳气盛，阳盛则肠热，故梦刚物；生女阴气盛，阴盛则肠冷，故梦柔物。”

2. 五脏之气过盛

医学家们认为，五脏气盛也是导致多梦的原因之一，自古就有着“肝气盛则梦怒，肺气盛则梦恐惧、哭泣、飞扬，心气盛则梦善笑恐畏，脾气盛则梦歌乐、身体重不举，肾气盛则梦腰脊两解不属”的说法。并且，当中医学发展到今天之后，此种观点更是得到了主流医学界的支持。毕竟，梦虽是一种无意识状态中的思想活动，但却是因为身体的病变而引起的。只是此时做梦的人在清醒状态下还意识不到自己体内的变动，故只有在梦中才能通过各种意象表现出来。

另外，还有观点认为，梦是由内脏之间的通感造成的，如口渴的人梦见水、饥饿的人梦见食物，都证明内部感觉是可以致梦的。而最普遍的同时也最具有科学价值的观点认为，疾病也是导致梦境的原因之一，这和古人的提法不谋而合。疾病致梦在现代科学中是有充分的科学根据的。

因而，把做梦看成人类自我防御功能的提前预警，并不为过。

更有听起来觉得不可思议的事情是，梦，在很多时候也有着预知的能力。在最具有民间基础的《周公解梦》中提到，梦因本来是错综复杂的，每一个梦代表的含义都不同。甚至更不得不说的是，在生活中很多人都有去世的亲人托梦或者通过梦预知一些将要发生的事情，尽管这似乎有些不可思议，但确实真实地存在过。

做梦解梦，在民间已经形成了一种梦文化，流传在民间的《周公解梦》一书是后人借周公姬旦之名而著。书中列举种种梦境，并对梦预测吉凶。虽是假借周公之名所做，却可以从侧面反映了民间对于梦的预示的执迷。而庄生梦蝶、黄粱一梦、梦笔生花、江郎才尽、南柯一梦等有关于梦的故事也比比皆是，在如此环境中，很难不把梦和尚未发生的事情联系起来。而在所有的梦中，最让做梦者难以接受的便是梦魇。

梦魇的时候，仿佛有一种不可知的力量在压迫着，使人无法畅通呼吸。人们总是想要摆脱这种梦魇，但却无法睁开眼睛。这是最恐怖的梦境，向来也被认为是不好的象征。

而做梦究竟是否能够预示着尚未发生的未来，在主流科学家尚没有定论。尽管如此，也不乏一些大胆的科学家提出了大胆的言论。

做梦的人常常有一种奇怪的体验，其当天在梦中见到的事情在不几天之后便会发生。这也是人们认为梦境有着预示作用的缘由所在。但却有“疯狂”的科学家提出观点说，这个时候人其实已经进入了思维空间中，能够梦见未来几天之后的事情，便可以通俗地理解成为“时空穿梭”。而且，人在梦中经历了几天甚至几年的事情，在现实生活中可能只过去了几分钟，这便说明此时做梦的人已经在无限接近思维时空了。

但这个观点既不能被证明是正确的，也不能被证明是不正确的，唯一解释不通的一点是人在穿越思维空间时的能量来源在什么地方。

不论人的思维能不能在瞬间达到另一个时空，但却有不少人能提前梦到未来几天的事情，这是不争的事实。尽管依旧难以解释，却在现实生活中真实地发生着。

其他占卜术

占卜都是一种普世文化现象，人类学家发现从古代到现在都可以在宗教与文化中发现占卜的存在。占卜和预言不尽相同，预言往往是准确地说出在什么时间、什么地点将会发生什么事情，但占卜却往往会给出一个具有指导性的意见，至于求卜者会怎么做，还是要靠他自己来作决定。

自古至今流传下来的占卜术各有各的功效，也各有各的缺点。尤其是流传在民间的占卜术，在那层神秘面纱的背后，还多出一丝文化性和趣味性。

1. 气候占卜：和预测天气一样，气候占卜的首要一点便是要懂得天气的变化。例如打雷、闪电、浓云、风向和刮风的强度，日月周围光晕的出现等，皆有预示的作用。这种方法在中国古代极为盛行，而古巴比伦的牧师也常常用气候占卜的方法来进行预测。

2. 立筷子占卜术：毫无疑问，此种方法只流传在中国民间。立筷子是流传于东北地区的一种占卜术，如果家中某人莫名其妙地生病了且又久治无效，按照民间的说法便是此人撞到了“仙”，此时就需要用立筷子的方式来祛除鬼神。一般是在一碗清水中立一根或者三根筷子，一边用右手轻扶着，同时嘴里还要说一些吉祥的话语。松开手，若筷子不倒，便说明占卜的目的达到了。此后再焚烧纸钱，送走鬼神。

3. 字母占卜法：此种占卜方法首先需要一只公鸡，然后把罗马字母围成一个圆圈，并在每个字母上都摆上一些稻谷。把公鸡放在圆内任它自由啄食，通过把那些被吃走覆盖在上面的稻谷的字母拼凑起来的字词来判断吉凶。并且，一旦某一个字母上的稻谷被吃掉了就要马上补充上去，以保证每个字母都有公平的机会被啄食到，这也是保证占卜灵验的关键所在。

4. 撒盐占卜法：在全世界许多地方，盐向来是被认为具有神奇功效的一种物质。占卜师首先需要在平面上撒一把盐，然后根据撒出来的盐的形状进行各种推测。甚至直到今天，还有着不小心把盐撒在地面上是不吉利的说法。同时，也有人相信，若是在别人的左肩膀上撒盐，就能够给对方带来好运气。

5. 偶遇动物占卜法：在中世纪的欧洲，山羊和野兔被认为是吉祥的，只要在野外偶然间和这两种动物邂逅了，就一定能够给自己带来好运。尤其是正在逃跑的野兔，更具有加倍的功效。但若是不幸遇到了蝙蝠、乌鸦或驴子等，则意味着有疾病产生。但不同的动物在不同国家却有着不一样的象征意义，乌鸦在中国同样是不吉利的代表。而黑猫，在美国是厄运的象征，在英国却恰恰相反。

6. 掷骰子占卜术：掷骰子占卜的方法在古埃及已经流传了数个世纪。占卜的时候，只需要使用三个骰子，如果掷出来的是三个六，就代表着所有愿望都会实现；若是两个六，则说明需要付出一些努力才能实现梦想；如果只有一个六，又或者是有两个四，那就代表着占卜者的愿望根本就不可能实现。

7. 《圣经》占卜术：这种方法其实相当简单，占卜者只需要准备好自己的问题，然后随便翻到《圣经》上的某一页，他自己的手指不经意间落在的地方的句子，就是对他脑海中想到的问题的答案。尽管有时候这个答案并不明确，但也足以解释占卜者的疑惑了。起初，只有《圣经》可以被用来做占卜。发展到后来，许多经典的著作都可以当成占卜书来用了。

8. 蜡烛占卜术：这一种占卜术也是极为古老的，并且它还有着极为广泛的普及范围。占卜的时候，需要将已经融化的蜡烛盛装在注满了冷水的青铜碗中，蜡液遇冷便会凝固，占卜师便根据得到的不同的蜡液形状来进行预测。这种方法，和用喝剩下的茶叶来占卜有着异曲同工之妙。并且，蜡烛占卜术中对不同形状的蜡液做何解释，早已经记录在书籍中被当做标准保存了下来。

9. 吉卜赛十字法：吉卜赛十字法适合于独自占卜以询问与恋爱、感情有关的问题。它是利用塔罗 22 张大牌中的 5 张来做判断，相当简单且易于使用。不过因为解读的牌数不多，所以占卜者必须对牌的诠释能力及逻辑推理有一定程度的认知。用吉卜赛十字法占卜，可以预测出占卜者到底有没有在被人暗恋，抑或是自己单恋的对象到底对自己有没有意愿等。因而这种方法在年轻恋人之间颇为流行。

占卜是一种对潜意识中带有的讯息进行解码的过程，而这些讯息的来源究竟是超自然的神秘力量，或是某种人类尚没有认知的科学理论，这些都不是重点。只要能够从尚未失传的民族占卜术中寻得一二，便是对求卜者最大的慰藉。